Kunststoff

Dieses Buch ist meinen Eltern gewidmet und dem Andenken meiner Großeltern Efrosini und Toffali Nicola.

Kunststoff

MATERIAL – HERSTELLUNG – PRODUKTE

CHRIS LEFTERI

avedition

Impressum

Die Deutsche Bibliothek - CIP-Einheitsaufnahme
Lefteri, Chris: Kunststoff : Material - Herstellung - Produkte /
Chris Lefteri. – Ludwigsburg : av-Ed., 2002
ISBN 3-929638-61-4

Übersetzung aus dem Englischen
Rita Sander, Michael Krueger

Fachliche Beratung der deutschen Ausgabe
Gerhard Späder

Redaktion
Anja Schrade

Konzeption der Buchreihe
Zara Emerson, RotoVision

Gestaltung
Frost Design, London

Druck und Bindung
Midas Printing Limited, China

Copyright © der englischen Originalausgabe
bei RotoVision SA 2001

Copyright © der deutschsprachigen Ausgabe
bei avedition GmbH 2002

Alle Rechte, insbesondere das Recht der Vervielfältigung, Ver-
breitung und Übersetzung, vorbehalten. Kein Teil des Werkes darf
in irgendeiner Form (durch Fotokopie, Mikrofilm oder ein anderes
Verfahren) ohne schriftliche Genehmigung reproduziert oder unter
Verwendung elektronischer Systeme verarbeitet, vervielfältigt
oder verbreitet werden.

ISBN 3-929638-61-4

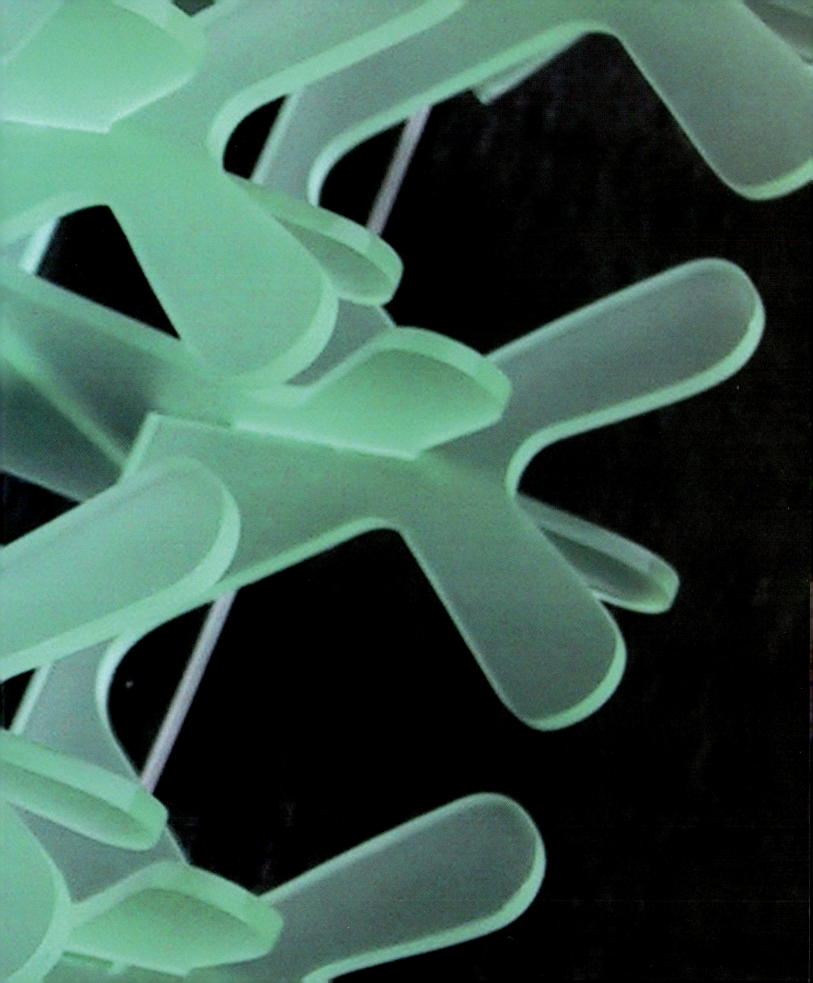

Inhalt

Vorwort	008 – 009
Einleitung	010 – 011
Großes	012 – 031
Flaches	032 – 055
Basics - neu	056 – 079
Technisches	080 – 101
Wiederverwertetes	102 – 113
Vertrautes	114 – 127

Inhalt

007

Erstaunliches	**128 – 133**
Herstellungsverfahren	**134 – 143**
Technische Informationen	**144 – 149**
Glossar	**150 – 151**
Abkürzungen	**151 – 151**
Websites	**152 – 155**
Danksagungen	**156 – 157**
Index	**158 – 160**

Vorwort
008

Mit der Erforschung neuer Materialien stehen wir erst am Anfang. Unsere Fähigkeit, Metall, Holz und Keramik zu beherrschen, ist jahrtausendealt, aber die Erfindung von Kunststoff ist kaum mehr als ein Jahrhundert her. Unsere Fähigkeit, Form, chemische Zusammensetzung und physikalische Eigenschaften eines Werkstoffs zu verändern ist so aufregend wie jede neue Technologie, die heute erforscht wird.

Es ist überflüssig zu sagen, daß wir von Materialien umgeben sind — sie sind die Basis unserer Existenz. Wir beurteilen das Design von Objekten anhand der geläufigen Begriffe Form und Funktion. Dennoch bleibt die Verwendung des Materials und sein Gebrauch als Teil eines bestimmten Gegenstands oder einer speziellen Aufgabe oft unbeachtet. Hinweise auf die wundersamen Eigenschaften dieser Substanzen gibt es überall, angefangen bei Holz, das seine eigene einzigartige Struktur und Identität besitzt, basierend auf einer jahrtausendealten Entwicklung, bis zum Glas, einer Flüssigkeit, die sich so langsam bewegt, daß ihre Bewegung nicht wahrnehmbar ist. Kunststoff, das Material, das sich durch die Fähigkeit definiert, seine Form zu verändern, steckt noch in den Kinderschuhen verglichen mit diesen schon „erwachseneren" Stoffen.

An den Hochschulen werden Designer in einem gesonderten Studienfach über Materialien unterrichtet. Dies ist nicht unbedingt falsch, denn es sollte einen formalen Unterricht über dieses sehr komplexe und mannigfaltige Gebiet geben; über die Grundlagen, was Werkstoffe sind, welche Eigenschaften sie haben, wie sie hergestellt und verarbeitet werden.

Jedoch — der Gestaltungsprozeß diktiert nicht immer die gesonderte Betrachtung des Materials, nachdem Form und Funktion festgelegt worden sind.

Viele Designer, Künstler, Architekten und Hersteller machen spezielle Materialien zu ihren Markenzeichen. Sie sind bekannt für Forschung, Vorstoß und Innovation in einem bestimmten Werkstoffbereich. Andere sind für ihre Fähigkeit berühmt, einen ganzen Bereich von Materialien zu entdecken und zu manipulieren. Auf die eine oder andere Art sind sie in der Lage, eine Substanz zu nehmen und sie mit den Augen eines Kindes zu sehen; sie auseinanderzunehmen, um herauszufinden, was sie wirklich ist und was sie imstande ist zu leisten. Es ist die kindliche Neugier — inspiriert durch Dinge wie Tinte, die im Dunkeln leuchtet oder Plastiklöffel und T-Shirts, die ihre Farbe wechseln, wenn man sie anfaßt —, die zu Ideen führt. Diese Gegenstände sind sogar überall um uns herum, wohin wir uns auch wenden, und sie sind uns so vertraut und in solcher Hülle und Fülle vorhanden, daß sie beinahe unsichtbar sind. Dieses Buch über Kunststoff ist das erste einer Serie; in den noch folgenden Büchern soll es um Glas, Keramik, Holz und Metalle gehen. Die Absicht dieser Reihe ist es, Werkstoffe zu untersuchen und in einer geläufigen Sprache zu präsentieren, die deren Charakteristiken, Leistungen und Anwendungen erklärt und sie in einer anregenden Form, mit Beispielen zu ihrer Nutzung, darzustellen. Die Reihe ist eine Hommage an diese Wunder der Evolution und der Technologie — die Erforschung von Objekten und Materialien, die es schon seit Jahrtausenden gibt und solchen, die jetzt erst entdeckt werden.

Vorwort

009

Einleitung

Meine Neugier hat mich immer auf einen Pfad der Entdeckung geführt: Ich würde nie etwas über die Objekte, die mich faszinieren, nachlesen wollen, ich breche sie lieber mit dem Hammer auf. Es ist dieselbe Neugier, die ein Kind animiert, mit einem Schraubenzieher den Staubsauger der Mutter zu öffnen und auseinanderzunehmen oder absichtlich seine Hand in Leim zu stecken, so daß es ihn wieder abschälen kann. Ich wollte immer alles über Gegenstände wissen – wie sie hergestellt werden, was sich im Innern befindet, woraus sie gemacht sind. Als Junge benutzte ich einen Hammer für diesen Entdeckungsprozeß, um simple Dinge wie Steine, alte Telefone und Golfbälle auseinanderzunehmen. Ich sah mir gerne an, wie stabil diese Dinge waren und was sich im Inneren befand. Ein Golfball war eine sehr gute Gelegenheit. Mit dem Hammer funktionierte es nicht, also schnitt ich durch die robuste Schale, und nachdem ich mich abgemüht hatte, sie zu öffnen, war ich erstaunt, weil sich nur Gummibänder darin befanden. Also schnitt ich die Gummibänder durch, was zur Explosion von diesem „Zeug" führte. Das ist die Neugier, die Leute zu Designern heranwachsen läßt.

Dieses Buch war meine große Chance, alles über die verschiedensten Produkte herauszufinden. Nachdem ich mich mit dem Hammer zurückgehalten habe, richtet sich das Hauptaugenmerk des Buchs auf ein spezielles Material – Kunststoff. Das bedeutet nicht, daß ich eine besondere Kunststoff-Obsession habe. Auch lobe ich ihn nicht über jedes andere Material hinaus. Ich habe ihn ausgewählt, weil er heutzutage einer der mannigfaltigsten und meistgenutzten Werkstoffe überhaupt ist. Er ist relativ jung verglichen mit Glas, Holz und Keramik, aber innerhalb eines Jahrhunderts hat sich eine enorme Bandbreite diverser Materialien mit tausendfachen Eigenschaften und Anwendungen, mit einer unermeßlichen Möglichkeit von Forschung und Information entwickelt. Gibt man zum Beispiel das Wort „Kunststoff" in eine Alta-Vista-Suchmaschine ein, werden über zwei Millionen Ergebnisse angezeigt. Einer der größten Chemiekonzerne der Welt produziert so viele verschiedene Polymere, daß keiner in diesem Betrieb die genaue Zahl kennt. Dieses Buch entstand ebensosehr aus Neugier wie aus dem Versuch heraus, eine Sammlung von Werkstoffen, die alle unter den Begriff „Kunststoff" fallen, auf einen gemeinsamen Nenner zu bringen. Aber mehr noch als der Befriedigung meiner eigenen Neugier dient dieses Buch als Begleiter für jeden, der an Kunststoff-Design interessiert ist. Es ist keine historische Abhandlung über Kunststoff und Kunststoffprodukte, sondern soll dazu beitragen, mehr über die Hunderte von verschiedenen Kunststoffarten zu erfahren, die wir jeden Tag benutzen.

Während des letzten Jahrhunderts hat sich dieses Material weiter entwickelt als irgendeiner der traditionellen Werkstoffe, die schon seit Jahrtausenden existieren und enorme Möglichkeiten eröffnet haben. Kunststoffprodukte erfüllen so viele unserer täglichen Bedürfnisse; wir begegnen ihnen in jedem Raum unseres Hauses, im Auto, im Büro und unserer Freizeit. Sie ermöglichen uns neue technische und praktische Vorteile und decken unseren visuellen und emotionalen Bedarf. Kunststoffteile in der medizinischen Versorgung machen es möglich, daß menschliche Organe durch künstliche ersetzt werden können. Gleichzeitig werden Kunststoffprodukte begleitet von Gedanken an Umweltkatastrophen; verkehrsreiche Straßen werden überflutet von weggeworfenen Kunststoffverpackungen, und natürliche Ressourcen wurden für deren Herstellung überstrapaziert. Aber das sind die Probleme, mit denen sich einige Hersteller befassen – wie wir unsere Abfälle für andere Erzeugnisse wiederverwerten und inwiefern wir natürliche Alternativen einsetzen können.

Mein Ziel war es, Objekte und Materialien einzubeziehen, mit denen wir alle vertraut sind. Einige wurden ausgewählt, weil sie großartige Werkstoffe sind, andere, weil sie für die intelligente Verwendung von Kunststoff stehen, manche, weil sie Spaß machen und wieder andere, weil ich mehr darüber herausfinden wollte. So zum Beispiel über die Pingpongbälle, die aus Nitrocellulose bestehen, die so hochexplosiv ist, daß sie nicht auf dem Luftweg transportiert werden darf. Dennoch ist dieses Material – das es seit 100 Jahren gibt – als einziges Material in der Lage, dieser Aufgabe gerecht zu werden.

Ich habe auch versucht, alle Gebiete von Design und Produktion abzudecken, angefangen bei Einzelstücken bis hin zur Massenware. Von Designerstücken bis zu alltäglichen Gebrauchsgegenständen, deren Entstehungsgeschichte unbekannt ist. Enthalten sind Arbeiten von Gaetano Pesce und Droog, deren Arbeitsmethoden eher am Kunsthandwerk als an der Massenproduktion orientiert sind. Es sind aufregende und intelligente Materialien dabei wie Rolatube™, ein Band aus zusammengesetztem Material, das man in aufgerolltem Zustand halten oder als starre Röhre abgerollt aufbewahren kann. Ebenso sind Designer bzw. Firmen wie Kartell und Alessi einbezogen, die dieses Material benutzen, um designorientierte Produkte zu kreieren. Viele dieser Produkte sind innovativ aufgrund der eingesetzten Herstellungsmethoden, wie Ron Arads „Not Made by Hand, Not Made in China"; andere illustrieren einfache kontextspezifische Veränderungen eines Materials, wie im Falle der CD-Hülle für „Very" von den Pet Shop Boys.

Aber dieses Buch handelt nicht nur einfach davon, was Kunststoff darstellt und wofür er geeignet ist. Sicherlich besitzt er ein großartiges Potential an chemischen und physikalischen Einsatzmöglichkeiten, und diese Tatsache wurde nicht außer acht gelassen, aber ich möchte auch seinen Effekt auf unsere Sinne beschreiben. Kunststoff bietet etwas für jeden unserer Sinne, z.B. den Geruch, den wir beim Öffnen der Verpackung eines HiFi-Produkts wahrnehmen oder den Geruch eines Computers oder eines neuen Autos, die fühlbar wächserne Beschaffenheit von Tupperware, die sichtbar durchscheinende Qualität eines Stücks Polypropylen, das „Ping"- und das „Pong"-Geräusch eines Tischtennisballs und den Geschmack eines Plastiklöffels – obwohl man Kunststoff niemals schmecken sollte, es sei denn, es wurde nicht korrekt gearbeitet.

Als Designer bin ich auch an der Erforschung eines Materials interessiert und an dessen Einsatzmöglichkeiten auf neuen Gebieten des Design. Was ist die Folge, wenn das Material nicht Form oder Funktion, sondern Ausgangspunkt ist? Designer wie Bobo Design arbeiten mit Acryl, um neue Anwendungen und Funktionen zu finden. Fiona Davidson und Gitta Gschwendtner, die für DuPont arbeiten, suchen nach neuen Wegen für den Gebrauch von Corian®. Ich hoffe, daß diese Reihe die Neugier ein wenig fördern wird, nicht nur auf die Dinge, die es schon gibt, sondern auch auf die Erforschung von Anwendungsbereichen, die es geben könnte.

Einleitung

Zum Gebrauch dieses Buches

Im Hauptteil dieses Buches bezieht sich jede Seite auf ein spezielles Objekt innerhalb eines vorgegebenen Produktkontexts. Die Seiten sind unterteilt in drei Informationsebenen und beinhalten die Grunddetails des Objekts. Der Text ist absichtlich nicht zu technisch. Mein Ziel ist es nicht, die Seite mit technischen Informationen zu füllen – was in den meisten Fällen sowieso nicht von großem Interesse ist –, vielmehr den Leser in allgemeinverständlicher Sprache zu informieren und ihn vielleicht sogar zu neuen Ideen für Materialien und Produkte anzuregen. Wenn ein Pylon in der Lage ist, sich zu seiner ursprünglichen Form zurückzubilden, nachdem ein Zehntonner darübergefahren ist, worin besteht dann das Potential dieses Materials – Polyethylen – in einem anderen Zusammenhang?

Es ist unmöglich, Werkstoff und Herstellungsprozeß voneinander zu trennen, und deshalb tauchen einige Materialien mehrmals in diesem Buch auf, um die verschiedenen Verarbeitungswege aufzuzeigen und Vorschläge anzubieten, warum der eine Verarbeitungsprozeß vielleicht angemessener ist als ein anderer. Polypropylen beispielsweise, das man für Formteile bereits seit den fünfziger Jahren verwendet, ist erst in den letzten zehn Jahren als Flachbogenmaterial voll ausgenutzt worden; die Rüstkosten sind durch den Gebrauch von Stanzwerkzeugen stark reduziert worden. Manche Beschreibungen richten ihr Augenmerk auf einen Werkstoff wie ABS, andere stellen das Material einer speziellen Firma in den Mittelpunkt, wie Rolatube™; wieder andere konzentrieren sich auf bestimmte Anwendungsmöglichkeiten wie beispielsweise Bowlingkugeln. Keine der vorgestellten Firmen hat das Buch in irgendeiner Weise gesponsert.

Das Buch kann nicht alles vermitteln, was es über Kunststoffe zu sagen gibt, aber sein Ziel ist es, eine Kostprobe der mannigfaltigen Auswahl an Werkstoffen anzubieten. Jedes erwähnte Produkt oder Material wird von zusätzlichen Informationen begleitet. Sollte dies einmal nicht der Fall sein, dann aus dem Grund, weil wir speziell darum gebeten wurden, keine näheren Informationen einzubringen. Obwohl Kontaktangaben auf jeder Seite aufgeführt sind, handelt es sich hierbei nur um Empfehlungen. In den meisten Fällen gibt es durchaus auch andere Lieferanten für diese Materialien. Auf jeder Seite sind Querverweise zu Themen auf anderen Seiten zu finden. Der Anhang bietet auch einen umfangreicheren Bezugsquellenführer, der Websites und Organisationen nennt, wobei alle Angaben mit reichhaltigen Informationen versehen sind. Zusätzlich gibt es eine Tabelle, die im Vergleich die detaillierten physikalischen Eigenschaften der Kunststoffe aufzeigt, eine Beschreibung von Fertigungsverfahren, eine Liste von Kunststoff-Abkürzungen und ein Glossar technischer Fachausdrücke.

013 Großes

Polyethylen mittlerer Dichte (MDPE)

014

Wächserne Textur

Polyethylen ist wieder im Kommen. Während es sich anfühlt wie Edamer Käse, hat es nicht die subtile, matte, hochentwickelte Textur beispielsweise eines Polypropylen-Produkts von Authentics. Polyethylen zeichnet sich aus durch leichte Verarbeitung, Chemikalienbeständigkeit und ein ausgewogenes Verhältnis zwischen Schlagfestigkeit und Steifigkeit, was dieses Material zu einer idealen Wahl für umfangreiche Komponenten in Kinderspielzeug macht.

Es ist offensichtlich ein populärer Werkstoff für zeitgenössische Designer. Die britische Firma Inflate und der Designer Tom Dixon haben das Potential des rotationsgeformten Polyethylen erkannt. Der geringe Werkzeugaufwand bedeutet, daß Produkte massenproduziert werden können ohne den hohen Anfangskapitaleinsatz, der bei Verfahren wie dem Spritzgießen erforderlich ist.

Bei den Qoffee Stools, die Rainer Spehl für eine Ausstellung am Royal College of Art kreiert hat, kommen seine Vorstellungen von Wert, Vertrautheit und Maßstab zum Ausdruck. Das Design ist eine simple Verflechtung von Maßstäben, das uns überrascht durch die neue Form eines uns vertrauten Objekts aus dem täglichen Leben.

Abmessungen	47 x 35 cm; Gewicht 1,2 kg
Herstellung	Rotationsgeformtes Polyethylen
Werkstoffeigenschaften	Hervorragende Chemikalienbeständigkeit
	Ausgewogenes Verhältnis zwischen Steifigkeit, Schlagfestigkeit und Widerstandsfähigkeit
	Geringe Feuchtigkeitsdurchlässigkeit
	Wiederverwertbar
	Farbecht
	Kostengünstig
	Einfach herzustellen
Weitere Informationen	www.excelsior-roto-mould.co.uk
	www.rotomoulding.org
Anwendungsbereiche	Chemikalienfässer; Tragetaschen; Bewegliche Spielsachen; Auto-Benzintanks; Kabelisolierung; Möbel

Qoffee Stool
Design: Rainer Spehl
Markteinführung: 1999

siehe auch: Polyethylen 015–016, 034, 038, 053, 105, 107, 113, 116, 125; Polypropylen 015, 016, 025, 037, 045, 049, 061, 070, 083, 106, 109; Authentics 045, 070; Inflate 051

Polyethylen niedriger Dichte (LDPE)

015

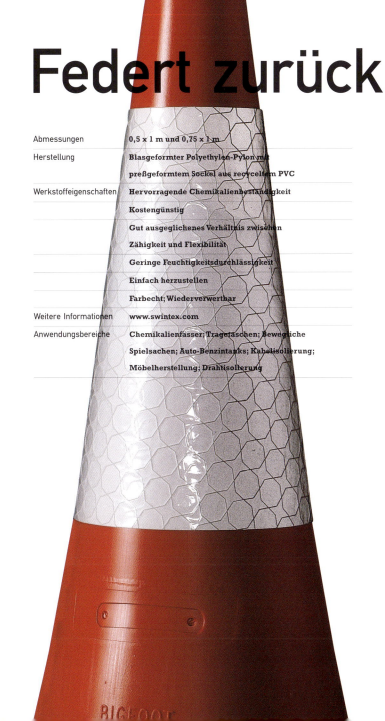

Federt zurück

Das zur Herstellung dieser Pylonen verwendete Polyethylen hat dieselbe schlichte, wächserne Griffigkeit wie Tupperware und wurde aus exakt den gleichen Gründen benutzt: gute Chemikalienbeständigkeit und hohe Schlagfestigkeit. Dieses Material stammt aus derselben Polyolefin-Familie wie Polypropylen und ist für unsere aggressiven Straßen gut geeignet.

Der Verkehrspylon wurde zunächst in den fünfziger Jahren in England eingeführt und beim Bau der M1 (Motorway 1) eingesetzt. Die – auf den neuen Autobahnen möglichen – höheren Geschwindigkeiten bedeuteten eine erheblich größere Gefahr für die Wartungsarbeiter, und folglich wurde ein Hinweissystem gebraucht, das anzeigen sollte, wenn ein Teil der Straße abgesperrt war.

Ursprünglich wurden einteilige Verkehrspylonen aus rotationsgeformtem PVC hergestellt. 1985 brachte Swintex einen zweiteiligen Pylon auf den Markt: Bigfoot. Der Sockel von Bigfoot wurde aus 100% wiederverwertetem Kunststoff hergestellt. Das Hauptmaterial für den Rest des Pylon war Polyethylen, welches sicherer ist für den Fall, daß ein Auto hineinfährt. Der Pylon hält Temperaturen von −24° C bis 30° C stand und ist sogar in der Lage, sich wieder zu seiner ursprünglichen Form aufzurichten, wenn er von einem Zehntonner überrollt wurde.

Verkehrspylon
Hersteller: Swintex
Design: Steve Parkinson
Markteinführung: 1985

Abmessungen	0,5 x 1 m und 0,75 x 1 m
Herstellung	Blasgeformter Polyethylen-Pylon mit preßgeformtem Sockel aus recyceltem PVC
Werkstoffeigenschaften	Hervorragende Chemikalienbeständigkeit
	Kostengünstig
	Gut ausgeglichenes Verhältnis zwischen Zähigkeit und Flexibilität
	Geringe Feuchtigkeitsdurchlässigkeit
	Einfach herzustellen
	Farbecht; Wiederverwertbar
Weitere Informationen	www.swintex.com
Anwendungsbereiche	Chemikalienfässer; Tragetaschen; Bewegliche Spielsachen; Auto-Benzintanks; Kabelisolierung; Möbelherstellung; Drahtisolierung

siehe auch: Polyethylen 014, 016, 034, 038, 053, 105, 107, 113, 116, 125; Polypropylen 014, 016, 025, 037, 045, 049, 061, 070, 083, 106, 109; Tupperware 125

Polyethylen mittlerer Dichte (MDPE)

016

Abmessungen	81 x 108 x 96 cm
Herstellung	Rotationsgeformtes Polyethylen
Werkstoffeigenschaften	Hervorragende Chemikalienbeständigkeit
	Ausgewogenes Verhältnis zwischen Steifigkeit und Schlagfestigkeit
	Farbfest; Geringe Feuchtigkeitsdurchlässigkeit
	Leicht herzustellen; Kostengünstig; Wiederverwertbar
Weitere Informationen	www.marc-newson.com, www.rotomoulding.org
	www.excelsior-roto-mould.co.uk
Anwendungsbereiche	Chemikalienfässer; Tragetaschen; Bewegliche Spielsachen; Auto-Benzintanks; Kabelisolation; Möbel

Plastic Orgone Chair
Hersteller: Metroplast, Frankreich
Design: Marc Newson
Markteinführung: 1998

siehe auch: Polyethylen 014, 015, 034, 038, 053, 105, 107, 113, 116, 125; Polypropylen 016, 025, 037, 045, 049, 061, 070, 083, 106, 109; Polyamid 018, 069, 091, 093

„Ich wollte meine eigene preiswerte Version des Orgone Chair herstellen. Wir bedienten uns des Rotationsgießens, dadurch waren wir in der Lage, ihn relativ kostengünstig zu produzieren, und er verkaufte sich sehr gut. Auch hatte ich die Gelegenheit, endlich wieder etwas zu produzieren, wie ich es in den Anfängen getan hatte, obwohl das immer etwas schwieriger ist, als man erwartet."

Marc Newsons Schwerpunkt des negativen Raums, der im originalen – aus Aluminium hergestellten – Orgone Chair erforscht wurde, erforderte ein Fertigungsverfahren, mit dem Hohlformen hergestellt werden konnten, während – wie der Designer erklärt hat – die Produktionskosten relativ niedrig gehalten werden sollten. Aufgrund der Eigenschaften des Rotationsformens kommt der Stuhl als geschlossene Gestalt aus der Form. Die offenen Enden oben und unten am Stuhl erhält man beim Finishing. Das Abschneiden der Enden ist einfacher, wenn die Schnittstelle in der Form bereits markiert ist.

Die Materialien, die man für das Rotationsformverfahren verwendet, sind hauptsächlich Polyethylene niedriger oder mittlerer Dichte. Gelegentlich wird auch Polypropylen verwendet, wenn für das Endprodukt Hitzebeständigkeit erforderlich ist, da es hohen Temperaturen ausgesetzt sein wird. Für bestimmte Situationen werden auch Polyamide verwendet, wegen der hohen Kosten allerdings nicht sehr häufig.

Hohlformen

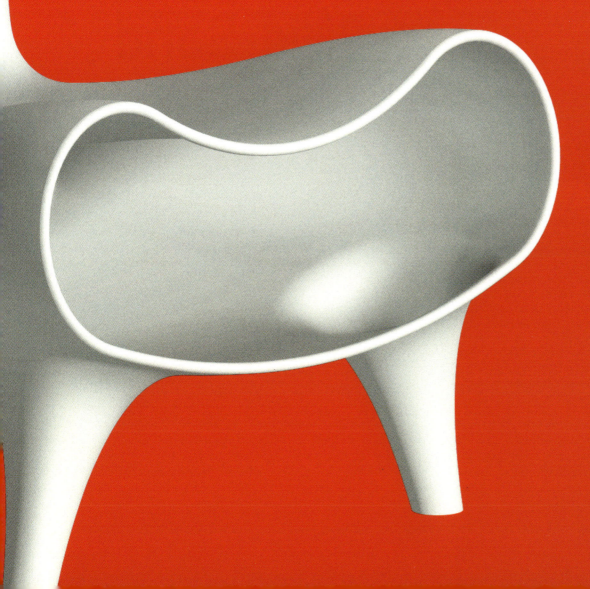

Polystyrol (PS)
018

MAXiM-Bank
Design: Caroline Froment
Markteinführung: 1999

Wie Sand

Inspiriert von der Art, wie Leute ihren Liegeplatz im Sand – unter ihrem Handtuch – bauen, schuf Caroline Froment ein häusliches Möbelstück, das dieser Gegebenheit nachempfunden ist. Die treibende Kraft hinter der Idee war vor allem, ein Material zu finden, das den gewünschten Effekt erzielen würde.

Die MAXiM-Bank unterscheidet sich sehr vom regulären Beanbag Chair (Sitzsack). Während es sich bei beiden um ein Sitzmöbel handelt, paßt sich die MAXiM-Bank viel besser der Körperform des Benutzers an, da sie mit Millionen von Mikro-Ballons gefüllt ist. Im Falle eines Sitzsacks rollen die winzigen Styropor-Kügelchen (Polystyrol) im wesentlichen aufeinander und gewähren dadurch weder die Stabilität noch den Komfort der MAXiM-Bank. Die Bank entspricht nicht nur den Konturen des Benutzers, sie erlaubt ihm außerdem, die Polster so zu formen, daß sie sich seinen Bedürfnissen anpaßt. Im Unterschied zum Sitzsack behält sie ihre neue Form bei, bis jemand sie verändert.

Abmessungen	Bank: 200 x 100 x 7 cm, Auflage: 180 x 80 x 5 cm
Herstellung	Gefüllter Polyamid-Stoff
Werkstoffeigenschaften	Niedrige Dichte
	Hervorragendes Fließvermögen
	Verschleißbeständig
	Klein (Durchmesser der Kugeln: 5 mm)
Anwendungsbereiche	In Glasform werden die Mikroballons als Füllstoffe für mannigfaltige Anwendungen benutzt, um Gewicht zu reduzieren. Da die Mikroballons speziell für die MAXiM-Bank kreiert wurden, gibt es keine weiteren aktuellen Anwendungen.

siehe auch: Polystyrol 075, 112, 121; Polyamid 016, 069, 091, 093

Polyurethanschaum (PU)

019

Abmessungen	40 x 15 x 15 cm leer
	73 x 47 x 42 cm gefüllt
Herstellung	Polyesterstoff und -geflecht enthält PU-Schaum. Wird vom Kunden montiert.
Werkstoffeigenschaften	Gute Chemikalienbeständigkeit
	Kostengünstige Herstellung von großen Teilen
	Gute Festigkeit und Maßhaltigkeit
	Kein Maschinenaufwand
	Hohe Exaktheit der geformten Oberflächendetails
	Leicht mit anderen Materialien zu kombinieren
	Hervorragende Oberflächengüte; Wiederverwertbar
Weitere Informationen	www.bayer.co.uk, www.via.asso.fr
Anwendungsbereiche	Medizinische Ausstattung; Möbel; Fenster; Snowboards; Formteile

François Azambourgs Arbeit basiert auf der fortwährenden Erforschung neuer Materialien und Techniken und deren Anwendung im Möbelbereich. Der Stuhl ist speziell für den Verkauf durch den Postversand und Großmärkte bestimmt; Inspirationsquelle waren Six-Packs von Flaschen, die in jedem Supermarkt erhältlich sind.

Polyurethane sind wichtige Kunststoffe; daß sie auf viele Arten verarbeitet werden können, macht sie zu einer idealen Wahl für Designer. Der Pack Chair enthält im Innern einen luftdichten Polyesterstoffbeutel und eine doppelte Ausfütterung, die aus zweilagigem, flüssigem Polyurethanschaum besteht. Wenn der Benutzer einen Schalter betätigt, öffnen sich beide Beutel, der PU-Schaum kann sich vermischen und die Form komplett ausfüllen, so daß der Stuhl sich aufrichtet. Innerhalb von Sekunden ist die Form starr.

Selbstmontage

Pack Chair
Design: François Azambourg
Markteinführung: 2000

siehe auch: Azambourg 092; Polyurethan 022, 026, 030, 039, 072, 078, 085, 111, 117

Polycarbonat/Polybutylenterphthalat (PC/PBT)

020

Flexibel, verformbar, austauschbar

Abmessungen	2,5 x 1,51 m
Werkstoffeigenschaften	Leichtgewichtig im Vergleich zu Stahl
	Gute Farbaufnahme; UV-Beständigkeit
	Gute Schlagfestigkeit; Korrosionsbeständig
	Gute elektrische Eigenschaften
	Chemikalienbeständig
	Leistungsaktiv bei hohen Temperaturen
	Gute Witterungsbeständigkeit
	Flammenhemmend; Schnellformend
	Sehr gute Ausgewogenheit von chemischen und mechanischen Eigenschaften
	Schlagfestigkeit bei niedrigen Temperaturen
	Hitzebeständigkeit: RTI bis zu 140°C
Weitere Informationen	www.geplastics.com/resins/materials/xenoy.html
	www.smart.com, www.thesmart.co.uk
Hersteller	DMD (Development, Manufacturing, Distribution)
Anwendungsbereiche	Fahrzeugstoßstangen und Karosserieteile; Gehäuse von Bürogeräten; Hüllen für Mobiltelefone; Große Bauteile

Die neuartigen Karosserieteile, die für den smart benutzt wurden, kommen aus smartville in Frankreich. Sie müssen nicht lackiert werden und sind so flexibel, daß sie nicht so leicht verbeult werden können. Eine kreative Lösung und ein Gegenmittel zu all den Autoschlüsseln, mit denen in den überfüllten Metropolen der Lack an unseren neuen Autos verkratzt wird. Die Teile sind aus XENOY® gefertigt, einem technischen Harz, das von GE Plastics entwickelt wurde.

Das Auto, von DaimlerChrysler und Swatch gemeinschaftlich entwickelt, gewann den Großen Preis der Society of Plastics Engineers in der Kategorie „innovativste Anwendung von Kunststoff". 1994 erfunden, wurde der smart geboren aus dem Wunsch, das Auto über seine traditionellen Vorstellungen hinaus in neue Funktionen hineinzustoßen und sich „das Leben von Werkstoffen von der Fabrik über das Autoleben bis hin zum Recycling" anzusehen.

Die leichtgewichtige Alternative zu Stahl hat zur Folge, daß die neun Karosserieteile einfacher aufeinander zugeschnitten werden können, was wiederum die Herstellung leichter, schneller und kostengünstiger macht. Die Teile sind naturgemäß korrosionsbeständig, und ein leichter Aufprall wird das Auto nicht verbeulen. Jedes der neun Teile ist in einer breiten Auswahl an Farben erhältlich und kann in weniger als 30 Minuten ausgetauscht werden. Es ist kein Lackieren notwendig.

Mit seiner großen Auswahl an Farben bestärkt der smart das Auto auch in seiner Eigenschaft als Mode-Accessoire.

smart City-Coupé
DaimlerChrysler
Design: MCC smart
Markteinführung: 1998

Polyurethanschaum (PU)

022

Oz
Auftraggeber: Zanussi
Design: Roberto Pezzetta
Markteinführung: 1998

Kühlschränke bestehen hauptsächlich aus einer Außenplatte aus Metall und einem vakuumgeformten inneren Mantel, wobei PU-Schaum als Isolierung benutzt wird. Oz bricht mit der Form konventioneller würfelförmiger Kühlschränke, die in den günstigsten Platz in der Küche passen. Damit diese neue Gestalt realisiert werden konnte, mußte ein neuer Werkstoff erforscht werden. Polyurethan, eines der wichtigsten Polymere, ist als Duroplast oder als Thermoplast erhältlich, mit einer breiten Auswahl an Eigenschaften, von offenzelligen, zerdrückbaren Schaumstoffen bis zu starren Formen mit geschlossenen Zellen. Oz besteht aus einem flammenhemmenden Polyurethan von Bayer – Baydur 110 – einer starren, fest eingebauten Schaumverkleidung. Die Schaumstoffe werden durch die Freisetzung zweier chemikalischer Komponenten in einer Form hergestellt, wobei diese sich ausbreiten und die Form ausfüllen, sich dann unter Kontakt mit den Wänden festigen. Die inneren und die äußeren Strukturen bestehen aus demselben Werkstoff, was die Wiederverwertung sehr vereinfacht.

Kühlschrank

Abmessungen	142 x 62 x 42 cm Türgewicht: 8,5 kg; Schrankgewicht: 17 kg
Herstellung	Reaktionsspritzgießen
Werkstoffeigenschaften	Wirtschaftliche Produktion von großen Teilen
	Relativ niedrige Kosten für Werkzeugausrüstung
	Variable Wandstärken von 3–25 mm
	Gute Festigkeit und Maßhaltigkeit
	Gute Chemikalienbeständigkeit; Leicht zu färben
	Mannigfaltige Auswahl an Anwendungsmöglichkeiten und Festigkeitseigenschaften
	Hohe Genauigkeit der geformten Oberflächendetails
	Leicht mit anderen Werkstoffen kombinierbar
	Hervorragende Oberflächenveredlung
	Bleibt selbst unter Einwirkung von Tiefsttemperaturen starr; Geeignet zur Wiederverwertung
Weitere Informationen	www.zanussi.com, www.bayer.com
Anwendungsbereiche	Medizinische Ausrüstung; Gehäuse für Spiele und Verkaufsautomaten; Möbel; Fenster; Armlehnen von Büromöbeln; Snowboards; Formteile; Sportgeräte; Auto-Armaturenbretter; Stoßstangen; Knieschützer

siehe auch: Polyurethan 019, 026, 030, 039, 072, 078, 085, 111, 117; Thermoplastische Kunststoffe 027, 029, 071, 072, 090, 100–101, 109, 127

Hochdruck-Laminat (Phenol-, Melaminharze und Papier)

023

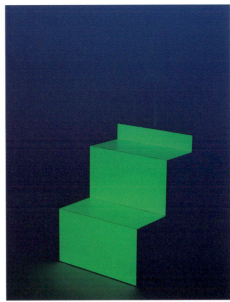

Wee Willie Winkie
Design: Dominik Jones
und Chris Lefteri
Markteinführung: 1996

Die Oberfläche als Spielzeug

Abet Laminate ist bekannt als einer der weltweit führenden Hersteller von Hochdruck-Laminaten. Der Schwerpunkt der Firma liegt auf dem Design von Oberflächen – und Wee Willie Winkie ist eine Oberfläche, die ein Erlebnis bietet.

Das Hauptmerkmal von Wee Willie Winkie ist die Verwendung von Lumifos, einem fluoreszierenden Laminat, das mit einem MDF-Träger (Faserplatte mittlerer Dichte) verleimt ist. Die Lumifos-Oberfläche hat zwei Hauptfunktionen: erstens sorgt sie für ein beruhigendes Glühen, während das Kind schläft und zweitens bietet sie eine Oberfläche, mit der es spielen kann: Sie erzeugt negative Schatten, wenn man Objekte darauf plaziert, nachdem das Licht ausgeschaltet wurde.

Eines der ursprünglichen Ziele dieses Projekts war die Erforschung eines alternativen kreativen Verfahrens, das wiederum eine Erforschung des Design-Prozesses selbst sein sollte. Sein Ziel war es, aufzuzeigen, wie solch ein Prozeß eingesetzt werden könnte, um neue Formen zu finden, neue, alternative Materialien zu verwerten und neue, jedoch themenbezogene Szenarien für Möbel und Produkte zu kreieren.

Markenname	Lumifos
Abmessungen	50 x 50 x 110 cm
Herstellung	Gefertigt aus fluoreszierenden Laminatbogen, Faserplatte und Eschenholz
Werkstoffeigenschaften	Kostengünstig; Vielseitige Produktion
	Gute Chemikalienbeständigkeit
	Hohe Oberflächenhärte und Kratzfestigkeit
	Gute Maßhaltigkeit
	Hervorragende mechanische Festigkeit und Steifigkeit
	Hervorragende Reaktion auf Feuer
	Erzeugt nur wenig Dämpfe
	Leicht zu reinigen; Gute Wasserfestigkeit
	Breite Auswahl an Veredelungen, Farben und Effekten
Weitere Informationen	www.abet-laminati.it
	www.designlaminates.co.nz/abetlaminati.htm
Anwendungsbereiche	Wandverkleidungen; Möbel; Fußbodenbeläge; Arbeitsflächen; Türverkleidungen

Polyvinylchlorid (PVC)
024

Bookworm
Auftraggeber: Kartell
Design: Ron Arad
Markteinführung: 1994

Abmessungen	3,2 m, 5,2 m und 8,2 m, Höhe der Stützen 190 mm
Herstellung	Massengefärbtes PVC
Werkstoffeigenschaften	Kann steif oder flexibel gefertigt sein
	Leicht zu verarbeiten
	Hohe Abriebfestigkeit; Flammenhemmend
	Hohe Klarheit; Gute Wetterbeständigkeit
	Gute Chemikalien- und Alterungsbeständigkeit
Weitere Informationen	www.kartell.it, www.ronarad.com
Anwendungsbereiche	Autos; Elektrotechnik; Kreditkarten;
	Verpackungen; Schuhe; Spielzeug; Dachrinnen

Ein Produkt, das sich aus einer Reihe von Experimenten mit einem temperierten Stahlband entwickelt hat, ist zu einem Zeichen für moderne Raumgestaltung geworden. Diese Umsetzung von Stahl in PVC erweitert die Möglichkeiten für Massenproduktion in Form eines vollkommenen Einverständnisses mit dem Material. Das extrudierte, biegsame Band kann in verschiedenen Längen gekauft werden und ermöglicht dadurch den Kunden, frei zu entscheiden, welche Regalform es an ihren Wänden einnehmen soll.

Der Hersteller Kartell hat viel für die Beliebtheit von Kunststoffen im häuslichen Bereich getan. In den fünfziger Jahren startete das Unternehmen einen Prozeß, der die Haushaltsbegriffe revolutionieren sollte, mit den Kreationen seines betriebseigenen Designers Gino Colombini. In den frühen sechziger Jahren war die Polymer-Technologie weit genug fortgeschritten, um die Herstellung von Kunststoffstühlen von Richard Sapper und Marco Zanusso zu ermöglichen.

siehe auch: PVC 035, 038–039, 047, 050–051, 058–059, 063, 065, 084, 092, 122–123; Kart

Meterware

Polypropylen (PP)

025

Zwei flache Teile

Polypropylen, das Material des Augenblicks, hebt wieder sein Haupt in Form eines glänzenden, biegsamen Stuhls. Dieser Stuhl wurde ursprünglich für ein Adidas-Sportcafé in Frankreich kreiert. Wie der Bookworm, auch von Kartell, hat er eine weiche, geschmeidige Form. Dennoch ist diese Kreation nicht nur eine großartige Form, sondern auch ein Produkt, das durch für die Stuhlfabrikation neue Herstellungsmethoden entstand. Es ist aus nur zwei Hauptkomponenten gemacht, einem extrudierten Aluminiumgestell und einem Polypropylensitz. Dieser ist aus einer spritzgegossenen Folie mit Schlitzen im Rahmen gefertigt. Das Verfahren wird abgeschlossen, während der Rahmen noch gerade ist. Die ganze Einheit wird dann in einer Presse von ihrer flachen in eine dreidimensionale Form gebogen. Das 5 mm starke Polypropylen ist ein flexibles Material, das am Berührungspunkt mit dem Rahmen für eine starke Verbindung sorgt. Es ist in verschiedenen durchscheinenden Farben erhältlich.

Abmessungen	40 x 78 x 55 cm
Herstellung	Spritzgegossenes Polypropylen und extrudiertes Aluminium
Werkstoffeigenschaften	Breite Auswahl an Durchsichtigkeit und Farben
	Flexibel; Ausgezeichnetes Potential für formintegrierte Gelenke/Scharniere
	Leicht und vielseitig zu verarbeiten
	Hervorragende Chemikalienbeständigkeit
	Niedrige Dichte; Hohe Wärmebeständigkeit
	Geringe Wasseraufnahme und Wasserdampfdurchlässigkeit
	Wiederverwertbar
Weitere Informationen	www.ronarad.com, www.basall.com
	www.dsm.com/dpp/mepp
	www.dow.com/polypro/index.htm
Anwendungsbereiche	Verpackungen; Haushaltszubehör; Schreibwaren; Gartenmöbel; Verschlüsse für Zahncremetuben

FPE (Fantastic Plastic Elastic)
Auftraggeber: Kartell
Design: Ron Arad
Markteinführung: 1996

siehe auch: Polypropylen 014–016, 037, 045, 049, 061, 070, 083, 106, 109; Kartell 024, 028–030, 066, 099

Polyurethanharz (PU)

026

Vase Amazonia
Auftraggeber: fish
Design: Gaetano Pesce
Markteinführung: 1995

„Ich glaube, daß der Tod uns alle gleich macht, und daß lebendig sein verschieden sein bedeutet. Die Objekte, die uns während der kurzen Zeit unserer Existenz umgeben, helfen uns, dieses Vorrecht zu genießen." Obwohl Gaetano Pesce Architektur und Industriedesign studierte, hat er in seiner Arbeit nicht nur die Maßstäbe der Massenproduktion erforscht, sondern auch die Einzigartigkeit des Materials Kunststoff. Sein Experimentieren mit Möbeln begann in den sechziger Jahren, als er für den italienischen Möbelhersteller Cassina arbeitete. Eines der regelmäßig wiederkehrenden Themen seiner Arbeit ist die Wechselwirkung zwischen Produkten und ihren Benutzern. Um dies widerzuspiegeln hat er eine Reihe von Produkten entwickelt, die gewollt einzigartig sind.

Die Originalität in seiner Behandlung des Themas kommt von dem Versuch, die Vorstellung zu widerlegen, daß Kunststoffprodukte nur von Maschinen angefertigt werden können und alle vollkommen gleich aussehen müssen.

Abmessungen	353 x 265 mm
Herstellung	Gegossenes Polyurethanharz
Werkstoffeigenschaften	Hervorragende Steuerung; Geringe Rüstkosten
	Ermöglicht vorsichtige Steuerung von Farbe und Transparenz
	Ermöglicht das Gießen in jeder Stärke
	Perfekte Klarheit; Gutes Haftvermögen
	Vielseitige Formverfahren
Anwendungsbereiche	Möbel; Innenräume; Bildhauerei; Modellbau

siehe auch: Polyurethan 019, 022, 030, 039, 072, 078, 085, 111, 117, 120

Fest des Zufalls

Acrylnitril-Styrol-Acrylat (ASA); Acrylnitril-Butadien-Styrol (ABS); Glasverstärkte Faser

027

Zukunftsideen

Die Einführung von Kunststoff beim Auto kann auf den ersten Teil des letzten Jahrhunderts datiert werden. Heutzutage enthalten Autos mindestens 30 verschiedene Arten von Kunststoff, die etwa 30 Prozent aller Komponenten ausmachen. Der Baja ist ein leichtgewichtiger Geländewagen, eines der beiden Vollkunststoff-Autos, die heute hergestellt werden. Als solches fordert es die traditionellen Vorurteile über den Gebrauch des Materials in der Fahrzeugindustrie heraus und demonstriert die Hauptvorteile gegenüber den traditionellen Metallegierungen.

Der Baja enthält sowohl Duroplaste als auch Thermoplaste. Die Karosserieteile bestehen aus thermoplastischem Kunststoff und werden geformt aus extrudierten Korad®-, ASA- und ABS-vakuumgeformten Platten. Eine Verbundstruktur von Fahrgestellwanne und Dach sind aus gehefteter Glasfaser, Vinylesterharz und einem Balsakern gefertigt. Bei zukünftigen Baja-Fahrzeugen wird das duroplastische Kunststoffharz in der Fahrgestell- und Dachstruktur ersetzt werden durch ein vergleichbares thermoplastisches Harz, um der zukünftigen Gesetzgebung zur Wiederaufbereitung gerecht zu werden.

Abmessungen	410,5 x 168,3 x 173,4 cm
	Leergewicht 1.200 kg
Herstellung	**Extrudiertes Korad®**
	Vakuumgeformt
	Geheftete Glasfaser
Weitere Informationen	www.plastics-car.com/spotlight/spotlight.htm
	www.automotivecomposites.com

Baja
Auftraggeber: Brock Vinton
Design: Michael van Steenburg,
Automotive Design & Composites Ltd.
Markteinführung: 1998

siehe auch: ABS 060, 071, 075, 077, 097, 121; Thermoplast 022, 071–072, 090, 100–101, 109, 127; Glasfaser 072, 082, 087, 091, 109, 127

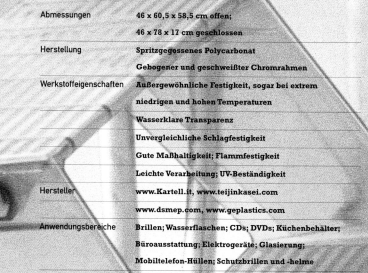

Abmessungen	46 x 60,5 x 58,5 cm offen;
	46 x 78 x 17 cm geschlossen
Herstellung	Spritzgegossenes Polycarbonat
	Gebogener und geschweißter Chromrahmen
Werkstoffeigenschaften	Außergewöhnliche Festigkeit, sogar bei extrem
	niedrigen und hohen Temperaturen
	Wasserklare Transparenz
	Unvergleichliche Schlagfestigkeit
	Gute Maßhaltigkeit; Flammfestigkeit
	Leichte Verarbeitung; UV-Beständigkeit
Hersteller	www.Kartell.it, www.teijinkasei.com
	www.dsmep.com, www.geplastics.com
Anwendungsbereiche	Brillen; Wasserflaschen; CDs; DVDs; Küchenbehälter;
	Büroausstattung; Elektrogeräte; Glasierung;
	Mobiltelefon-Hüllen; Schutzbrillen und -helme

Modische Härte

Polycarbonat (PC)
029

Polycarbonat ist ein zeitgenössisches Material, hier jedoch verwendet in der Interpretation eines typischen Objekts bzw. einer ursprünglichen Form. Das Design schafft einen direkten Bezug zu der Art von Holzleiter, die man unter der Treppe im Haus der Großmutter finden könnte. Anstelle von Holz macht es Gebrauch von einem modernen Werkstoff, der für diese Funktion absolut geeignet ist. Polycarbonat ist so robust wie Polymere nur sein können, aber es ist auch leicht und kann in einer breiten Auswahl an Farben und Oberflächengüten produziert werden.

Als relativ junges Mitglied der Familie der thermoplastischen Kunststoffe war Polycarbonat – wie viele Kunststoffe – rein zufällig von der American General Electric Company in den frühen fünfziger Jahren entdeckt worden. Der Hauptgrund, warum es sich als Polymer rühmen kann, ist seine superklare und superstarke Beschaffenheit, weshalb es oft als Ersatz für Glas mit glänzenden Beifügungen gebraucht wird.

Die italienische Firma Kartell nimmt eine einzigartige und wichtige Rolle auf dem Gebiet des Design ein. Sie stellt seit den fünfziger Jahren Haushaltsgegenstände aus Kunststoff her. Seit damals hat sie auch die funktionellen und visuellen Qualitäten dieses Materials erforscht, während sie viele wohlbekannte und klassische Möbelstücke und Accessoires geschaffen hat. Wie man es von Alberto Medas Arbeiten kennt, reflektiert auch Upper sein Verständnis für die Eigenschaften und Anwendungsbereiche eines Materials. Es ist ein Produkt, das die praktischen, sicherheitstechnischen, nützlichen und funktionellen Qualitäten des Materials in sich vereinigt und mit einer verführerischen, modernen und modischen Ästhetik verbindet.

Upper
Auftraggeber: Kartell
Design: Alberto Meda und Paulo Rizzatto
Markteinführung: 2000

siehe auch: Polycarbonat 077, 092, 099; Thermoplast 022, 027, 071–072, 090, 100–101, 109, 127; Kartell 024–025, 030, 066, 098–099; Meda 030

Kohlefaser und Epoxidharz

030

siehe auch: Verbundwerkstoffe 055, 082, 087, 100–101, 108–109, 116; Kohlefaser 082; Meda 028–029; Kartell 024–025, 028–029, 066, 099; Polyurethan 019, 022, 026, 039, 072, 078, 085, 114, 118–120

Light Light Chair
Auftraggeber: Alias S.r.l.
Design: Alberto Meda
Markteinführung: 1987

Abmessungen	743 x 383 x 495 mm
Herstellung	Kohlefaser umgossen von einer Epoxidharzmatrix und Polyurethanschaum
Werkstoffeigenschaften	Sehr gutes Kraft-Masse-Verhältnis
	Leicht an individuelle Wünsche anzupassen
	Extrem haltbar; Ausgeprägte Oberflächengüte
	Erhältlich in einer großen Farbauswahl
	Gute Chemikalienbeständigkeit; Korrosionsbeständig
	Neutral gegenüber aggressiven Umgebungen
	Guter Temperaturbereich; Nicht leitend
Weitere Informationen	www.globalcomposites.com, www.hexel.com
	www.carb.com, www.composites.com
Anwendungsbereiche	Luft- und Raumfahrtindustrie; Schiffe; Automobile;
	Sportgeräte; Bauwesen; Bahn; Architektur

Schwerelos

Es gibt viele Anwendungen für die einzigartigen physikalischen Eigenschaften von Verbundwerkstoffen, insbesondere Kohlefaser. Dennoch, die feine Form und ihre Verwandtschaft mit Struktur und Funktion macht diesen Stuhl zu einem wunderschönen Beispiel für dieses Material.

Anders als die meisten Designer begann Alberto Meda seine Karriere 1970 als Ingenieur und technischer Direktor von Kartell, einem der wichtigsten Hersteller von Haushaltsgegenständen aus Kunststoff. Sein Light Light Chair verkörpert seine Suche nach neuen Werkstoffen für Möbel, genau wie sein Lola Light für Luceplan, das ebenso aus einer Mischung von Kohlefaser und Kautschuk hergestellt wurde.

Mit Light Light wollte Meda das Gewicht des Stuhls auf ein Minimum reduzieren und das Festigkeits-Masse-Verhältnis der Kohlefaser – der Stuhl wiegt bloß 1 kg – hervorheben. Der Kern von Sitz und Rückenlehne besteht aus einer starren Polyurethan-Wabenstruktur, kaschiert durch die Kohlefaserschicht, wodurch ein einzigartiges Oberflächenmuster geschaffen wird.

Polymethylmethacrylat (PMMA); Acrylharz

031

Miss Blanche
Auftraggeber: Kurumata
Design Office
Design: Shiro Kurumata
Markteinführung: 1988

Abmessungen	905 x 625 x 600 mm
Herstellung	Gegossenes Acrylharz
	Kunststoff-Epoxidbeschichtete Aluminiumrohre
Werkstoffeigenschaften	Niedrige Rüstkosten
	Ermöglicht sorgfältige Kontrolle von Farbe und Transparenz
	Ermöglicht das Gießen in beliebiger Stärke
	Hervorragende optische Klarheit
	Gutes Haftvermögen; Leicht zu färben
	Hervorragende UV-Beständigkeit
	Vielseitige Formverfahren
Weitere Informationen	www.ineosacrylics.com
Anwendungsbereiche	Dekorative Briefbeschwerer; Möbel; Inneneinrichtungen; Bildhauerei; Modellbau

Shiro Kurumata hat viele Designs hergestellt, deren dominierende Merkmale das Moment der Überraschung und ein experimenteller Gebrauch des Materials sind. Entworfen für die Ausstellung bei der Kagu Tokyo Designers' Week und inspiriert von einem Kleid, das Blanche Dubois in dem Film „A Streetcar Named Desire" getragen hat, ist dieser Stuhl weitgehend von Hand gemacht. Dadurch ist äußerste Kontrolle über das Design und die ästhetischen Qualitäten des Harzes möglich. Die Kosten für die Herstellung der Formen sind relativ gering.

Der Hauptkörper ist durch das Hineinwerfen künstlicher Rosen in eine mit flüssigem Acrylharz gefüllte Form entstanden, was bei Raumtemperatur geschehen kann. Das größte technische Problem beim Gießen solch komplizierter Gebilde ist der Ausschluß von Luftblasen, die sich rund um die Falten der Blütenblätter bilden, welche mit einer Pinzette in der richtigen Position gehalten werden. Der Stuhl besteht aus drei separaten Elementen – Sitz, Rücken und Armlehnen –, und sobald sie getrocknet sind, können sie verleimt werden, dadurch wird absolute Transparenz möglich.

Flüssige Transparenz

siehe auch: Acryl 040–041, 055, 088

033 Flaches

Polyethylenterephtalat-Folie (PETF), Polyester

034

Plastikgeld

Mylar® und Melinex® sind zwei der meistverbreiteten Polyesterfolien. Sie eignen sich für eine enorme Bandbreite an Verwendungsmöglichkeiten, von Videos und Platinen bis hin zu beschichtetem Reiß-Stop-Nylon, das Richard Branson für seine Heißluftballons verarbeitet. Im Falle der Ballons ist 12 Mikron dickes Melinex® in der Lage, bei einer Temperatur von −70 Grad Celsius flexibel zu bleiben, während es jedoch der Hitze der Brenner widerstehen kann. In der Nahrungsmittelverpackungsindustrie wird es als Deckel für TK-Fertiggerichte verwendet, die im Gefriergerät aufbewahrt werden und dann unverzüglich in den Ofen gegeben werden können, was beweist, daß es über gute Maßhaltigkeit verfügt. Es ist auch sehr gut zum Bedrucken geeignet, ein weiterer Vorteil für seine Verwendung in der Verpackungsindustrie. Als bedruckter Film für Reprographien springt Melinex® zurück zur Flachbogenform, sogar nachdem es eng aufgerollt war.

Abmessungen	Erhältlich von 12–350 Mikron
Herstellung	Bedruckte extrudierte Bogen
Werkstoffeigenschaften	Gute Temperaturbeständigkeit; Gute optische Klarheit
	Hervorragende Druckleistungen; Wiederverwertbar
	Starr; Gute Chemikalienbeständigkeit
	Hervorragende Festigkeit im Vergleich zu Celluloseacetatfolie
	Gute Maßhaltigkeit; Ungiftig
Weitere Informationen	www.dupontteijinfilms.com
Anwendungsbereiche	Nahrungsmittelverpackung; Kreditkarten; Label; Flügel für Dart-Pfeile; Trägermaterial für Platinen; Röntgenfilme; Motorenisolierung; Surf-Segel; Deckel für Joghurtbecher; Fensterschutzfolie

siehe auch: Polyethylen 014–016, 038, 053, 105, 107, 113, 116, 125; Nylon 067, 091, 093, 098, 100, 118; Bedrucken 041, 044, 049, 053, 088, 130; Celluloseacetat 048, 061, 067

Polyvinylchlorid (PVC)-Folie

035

Markenname	**Lastia®**
Herstellung	**Gewickelte, extrudierte PVC-Folie**
Werkstoffeigenschaften	**Extrem biegsam; Klar**
	Haftet an beliebigen glatten, trockenen, glänzenden Oberflächen oder sich selbst ohne zusätzlichen Klebstoff
	Bietet preiswerten Schutz für Produkte
	Kann modifiziert werden, um Bedrucken zu ermöglichen
	Erhältlich in einer breiten Farbauswahl, einschließlich Metallicfarben
	Erhältlich in einer breiten Auswahl an Maßen und Oberflächenveredlungen:
	Kann sich bis zu 150 Prozent seiner Originalgröße ausdehnen
	Erschwinglich und leicht zu verwenden
	Erhältlich mit UV-Stabilisatoren für den Außengebrauch
	Einfacher Schutz auch von ungleichmäßigen Formen
Weitere Informationen	**www.baco.co.uk**
Anwendungsbereiche	**Industrieverpackungen; Frischhaltefolie**

Jeder weiß, daß die beste Eigenschaft von Frischhaltefolie ihre Fähigkeit ist, an sich selbst zu haften – man kennt dieses schöne Gefühl, wenn man eine Schüssel damit abdeckt und die Folie haften bleibt. Wenn es nicht so alltäglich wäre, könnte es als etwas Besonderes erscheinen, fast magisch. Große Designer sind in der Lage, diese alltäglichen Ereignisse wahrzunehmen und sie neuen Funktionen zuzuführen. In Thomas Heatherwicks Ausstellung für das Glasgow Festival of Architecture and Design gibt es keine traditionelle Verwendung für große Aufbauten. Sie greift einfach die Idee auf, ein bereits existierendes Material zu verwenden und es auf einen individuellen Maßstab zu übertragen. Im Ausstellungsraum von fast 600 Quadratmetern Fläche befindet sich eine hohe Decke, die von gußeisernen Pfeilern abgestützt wird, die 75 Meilen Industriefolie halten. Die PVC-Struktur führt drei verschiedene Funktionen aus: sie hält die Ausstellungsobjekte in der Schwebe, wickelt sie ein und trennt sie. Die Beleuchtung wurde durch ein Installationskanalsystem innerhalb der PVC-Struktur realisiert.

Stark, dehnbar, transparent

Identity Crisis (Identitätskrise)
Auftraggeber: Glasgow Festival of Architecture and Design
Design: Thomas Heatherwick Studio
Markteinführung: 1999

siehe auch: PVC 024, 038–039, 047, 050–051, 058–059, 063, 065, 084, 092, 122–123

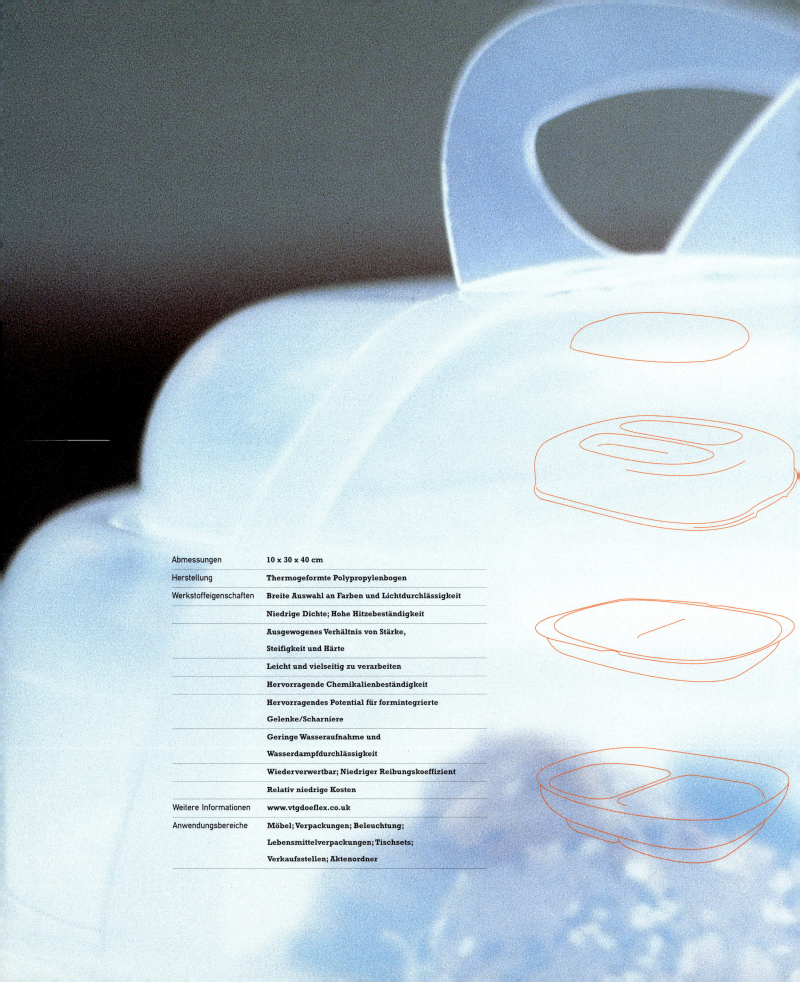

Abmessungen	10 x 30 x 40 cm
Herstellung	**Thermogeformte Polypropylenbogen**
Werkstoffeigenschaften	**Breite Auswahl an Farben und Lichtdurchlässigkeit**
	Niedrige Dichte; Hohe Hitzebeständigkeit
	Ausgewogenes Verhältnis von Stärke, Steifigkeit und Härte
	Leicht und vielseitig zu verarbeiten
	Hervorragende Chemikalienbeständigkeit
	Hervorragendes Potential für formintegrierte Gelenke/Scharniere
	Geringe Wasseraufnahme und Wasserdampfdurchlässigkeit
	Wiederverwertbar; Niedriger Reibungskoeffizient
	Relativ niedrige Kosten
Weitere Informationen	**www.vtgdoeflex.co.uk**
Anwendungsbereiche	**Möbel; Verpackungen; Beleuchtung; Lebensmittelverpackungen; Tischsets; Verkaufsstellen; Aktenordner**

Polypropylen (PP)

037

Geringer Aufwand für Massenfertigung

Design ist nicht immer nur auf die Kreation schöner Formen und Funktionen beschränkt, sondern arbeitet auch oft an Lösungen für hohe Stückzahlen und Maschinenrüstkosten durch das Vermeiden von großen Produktionsläufen. Gefragt war in diesem Fall ein Produkt, das durch Massenproduktionsmethoden hergestellt werden mußte, mit Massenproduktions-Stückkosten, aber ohne Maschineneinsatz und Stückzahlen der Massenproduktion. Anfänglich wollte der Auftraggeber als Material für die Frischhaltedose Melamin verwenden, aber das war nicht die wirtschaftlichste Wahl. Die Alternative, gestanztes Polypropylen, wurde bereits in jedem Bereich des Produkt-Design für Verpackungen, Beleuchtung und Haushaltszubehör verwendet, aber seine Anwendung im Thermoformverfahren war noch nicht vollständig erforscht worden.

Die Dose ist aus lebensmittelechten, thermogeformten 1,2 mm starken Polypropylenbogen gefertigt. Der dünne Bogen erlangte durch die gekrümmte Oberfläche und den mindestens 3 mm starken Randabschluß, der entlang der Kanten einer jeden Einheit verläuft, eine feste Struktur. Das Material war auch wegen seiner Wiederverwertbarkeit ideal, und die Möglichkeit, es durch Thermoformverfahren zu verarbeiten bedeutete, daß die Produktionskosten und Stückpreise im Verhältnis zum Produktionsumfang niedrig waren.

Bento Box
Auftraggeber: Mash & Air,
London, Manchester, U.K.
Design: Toni Papaloizou,
Chris Lefteri
Markteinführung: 1998

siehe auch: Melamin 042–043, 066, 120, 124; Polypropylenbogen 045, 049, 070

Ethylen-Vinylacetat (EVA)

038

Abmessungen	**Röhren von 6 mm bis 400 mm Durchmesser**
	Auch in Bogen erhältlich
Herstellung	**Extrudiert oder gewebt**
Werkstoffeigenschaften	**Gute UV-Beständigkeit; Starke visuelle Wirkung**
	Die Elastizität ist mit elastomeren
	Materialien vergleichbar
	Gute Chemikalienbeständigkeit; Leicht zu färben
	Lebensmittelecht; Formbar
	Bewahrt seine physikalischen
	Eigenschaften bei niedrigen Temperaturen
	Die Inhalte sind sichtbar, aber trotzdem geschützt
	Gutes Festigkeits-Masse-Verhältnis
Weitere Informationen	**www.netlon.co.uk**
Anwendungsbereiche	**Verpackungen; Hautstimulierende Pflegeprodukte;**
	BH-Träger; Autos

Dieses maschenartige Material gibt es in einem breiten Spektrum an Farben und Größen, von fingerdünnen bis superbreiten Röhren, von weichen und flexiblen bis zu harten, starren Ausführungen. Sie können entweder extrudiert (wie bei Duty-free-Flaschen) oder gewebt (wie man sie beispielsweise für das Verpacken von Orangen benutzt) sein. EVA eignet sich wegen seiner naturgemäßen Chemikalienbeständigkeit insbesondere für Schutzverpackungen. Es kann mit Polyethylen und plastifiziertem PVC verglichen werden. Der minimale Aufwand an Rohmaterial macht es zu einer guten ökonomischen und ökologischen Alternative zu Pappe und geformtem Kunststoff. Thermogeformt bietet es außerdem noch viele weitere Anwendungsmöglichkeiten. Das offene „Gewebe" der extrudierten Produkte bedeutet, daß weitere Materialien miteingebunden oder hinzugefügt werden können, wie beispielsweise bei BH-Verstärkungen.

Flexibel und dehnbar

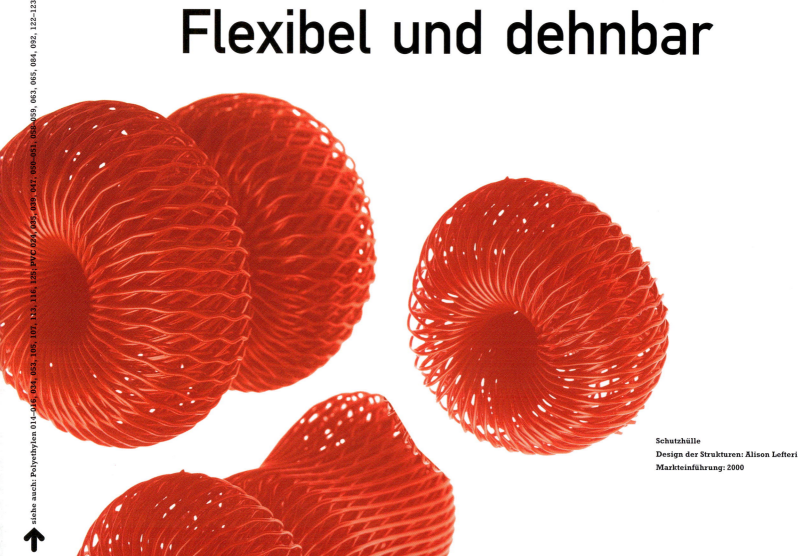

Schutzhülle
Design der Strukturen: Alison Lefteri
Markteinführung: 2000

Polyvinylchlorid (PVC)

039

Abmessungen	60 x 303 mm
Herstellung	Ultraschallgeschweißtes PVC
Werkstoffeigenschaften	Leicht zu verarbeiten mit niedrigen Rüstkosten; Flexibel
	Leicht zu färben; Einfache Herstellung von Prototypen
	Gute Transparenz; Gute UV-Eigenschaften
	Gute Festigkeit bei niedrigen Temperaturen
	Vielseitiges Material, in diversen Formen erhältlich
Weitere Informationen	www.ixilab.com, www.vinylinfo.org
Anwendungsbereiche	Kabelisolierung; Kondome; Abwasserrohre; Spielzeug; Tapeten; Regenmäntel; Tischdecken; Kaugummipapier

Baladeuse
Auftraggeber: IXI
Design: Izumi Kohama und Xavier Moulin
Markteinführung: 2001

Neue Form und Funktion

Eine Lampe, die Flüssigkeit und Licht kombiniert – eine verblüffende Idee. Der Gebrauch des weichen, mit Gel gefüllten PVC-Schlauchs gibt der Lampe nicht nur neue sinnliche Qualitäten, sondern sorgt auch für neue Anschauungen über ihre Funktion und Positionierung.

PVC ist einer der meistbekannten Werkstoffe, es ist gleichbedeutend mit dem Wort Kunststoff. Man kann es praktisch für alle Haupt-Kunststoffverarbeitungstechniken verwenden, und es ist leicht den unterschiedlichsten Anforderungen anzupassen.

IXI beschreibt sich selbst als „virtuelle Design-Agentur". Baladeuse ist Teil eines Projekts namens „Interspace", einer Kollektion von Objekten, die entworfen wurden, um „im Chaos zu surfen" und sie dem anzupassen, was sich bereits im Haus befindet. Das Licht ist formlos, wenn es flach auf dem Boden liegt, es nimmt aber die Gestalt eines Trägerobjekts an – man kann es sogar „anziehen". Als Lichtquelle dient eine Standard-Glühbirne, die von einem haftenden Polyurethan-Gel umgeben ist und sich in einer ultraschallgeschweißten PVC-Hülle befindet.

siehe auch: PVC 024, 035, 038, 047, 050–051, 058–059, 063, 065, 084, 092, 122–123

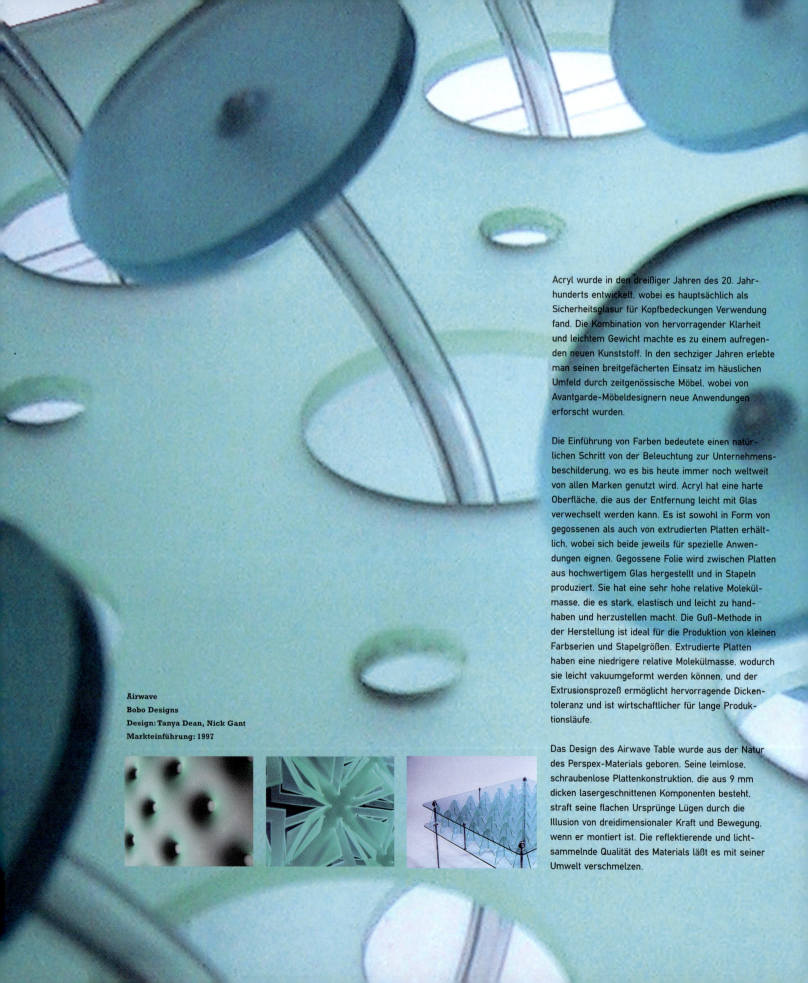

Airwave
Bobo Designs
Design: Tanya Dean, Nick Gant
Markteinführung: 1997

Acryl wurde in den dreißiger Jahren des 20. Jahrhunderts entwickelt, wobei es hauptsächlich als Sicherheitsglasur für Kopfbedeckungen Verwendung fand. Die Kombination von hervorragender Klarheit und leichtem Gewicht machte es zu einem aufregenden neuen Kunststoff. In den sechziger Jahren erlebte man seinen breitgefächerten Einsatz im häuslichen Umfeld durch zeitgenössische Möbel, wobei von Avantgarde-Möbeldesignern neue Anwendungen erforscht wurden.

Die Einführung von Farben bedeutete einen natürlichen Schritt von der Beleuchtung zur Unternehmensbeschilderung, wo es bis heute immer noch weltweit von allen Marken genutzt wird. Acryl hat eine harte Oberfläche, die aus der Entfernung leicht mit Glas verwechselt werden kann. Es ist sowohl in Form von gegossenen als auch von extrudierten Platten erhältlich, wobei sich beide jeweils für spezielle Anwendungen eignen. Gegossene Folie wird zwischen Platten aus hochwertigem Glas hergestellt und in Stapeln produziert. Sie hat eine sehr hohe relative Molekülmasse, die es stark, elastisch und leicht zu handhaben und herzustellen macht. Die Guß-Methode in der Herstellung ist ideal für die Produktion von kleinen Farbserien und Stapelgrößen. Extrudierte Platten haben eine niedrigere relative Molekülmasse, wodurch sie leicht vakuumgeformt werden können, und der Extrusionsprozeß ermöglicht hervorragende Dickentoleranz und ist wirtschaftlicher für lange Produktionsläufe.

Das Design des Airwave Table wurde aus der Natur des Perspex-Materials geboren. Seine leimlose, schraubenlose Plattenkonstruktion, die aus 9 mm dicken lasergeschnittenen Komponenten besteht, straft seine flachen Ursprünge Lügen durch die Illusion von dreidimensionaler Kraft und Bewegung, wenn er montiert ist. Die reflektierende und lichtsammelnde Qualität des Materials läßt es mit seiner Umwelt verschmelzen.

Polymethylmethacrylat (PMMA)

041

Transparenz

Abmessungen	100 x 100 x 45 cm
Herstellung	Gegossene Acrylplatten
Werkstoffeigenschaften	Hoher Schmelzpunkt; Niedrige Rüstkosten
	Leicht und vielseitig herzustellen und zu verarbeiten
	Breite Auswahl an transparenten, lichtdurchlässigen und undurchsichtigen Farben und Oberflächenveredlungen
	Laserschneiden ermöglicht die Produktion einer Stückzahl von 1 bis 100
	Hervorragende Chemikalien- und Witterungsbeständigkeit
	Hohes Druckhaftvermögen
	Vollständig wiederverwertbar
	Exzellente optische Klarheit
	Außergewöhnliche Farbkreationen und Farbabstimmung
	Hervorragende Oberflächenhärte und Alterungsbeständigkeit
	Umfangreiche Auswahl an Plattengrößen und -stärken
Weitere Informationen	www.ineosacrylic.com, www.perspex.co.uk
	www.bobodesign.co.uk, www.lucite.com
Anwendungsbereiche	Schaufensterdekoration; Verkaufsstellen; Beschilderungen für den Einzelhandel; Innenräume; Möbel; Beleuchtung; Verglasungen

siehe auch: Acryl 031, 055, 088

Abet Laminate wurde 1957 in Bra, Italien, gegründet, und ist seitdem einer der führenden Hersteller mannigfaltiger Laminate, unter anderem mit Diafos, dem ersten transparenten Laminat, das 1987 eingeführt wurde. Die Firma hat mit einigen der prominentesten Designer des 20. Jahrhunderts zusammengearbeitet – Memphis und Studio Alchimia eingeschlossen – und ist bekannt für ihre Erforschung von Oberflächen. Straticolour ist ein einzigartiges Produkt von Abet Laminate, das sich mit den Funktionen und visuellen Qualitäten von Einfassungen auseinandersetzt.

Bei Laminatplatten in Standardstärken gibt es zwei verschiedene Materialschichten. Der Innenteil ist aus Papierlagen gemacht, die mit Aminoplastharz imprägniert wurden, und darauf befindet sich eine Oberfläche aus dekorativen Papieren, getränkt mit Melaminharzen. Mit Straticolour hat Abet die dekorative Auflage als Herzstück des Materials eingeführt. Die Kante kann poliert werden und damit ein einzigartiges Einfassungsdetail darstellen.

Die Kante

Abmessungen	**Standard-Plattengröße 122 x 305 cm**
Werkstoffeigenschaften	**Hohe Verschleißfestigkeit; Hohe Schlagfestigkeit**
	Hervorragende Feuchtigkeitsbeständigkeit
	Leicht zu verleimen; Dekoratives Finish für Kanten
	Gute Wasser- und Wasserdampfbeständigkeit
	Gute Chemikalienbeständigkeit; Leicht zu reinigen
	Gute Maßhaltigkeit; Abnutzungsbeständig
	Wirtschaftlicher im Vergleich zu anderen stabilen Oberflächenmaterialien
Hersteller	**Abet Laminate**
Weitere Informationen	**www.abet-laminati.it**
Anwendungsbereiche	**Büromöbel; Innen- und Außenverkleidungen; Bodenbeläge; Straßenmöbel; Arbeitsplatten**

Hochdrucklaminat (Phenolharze, Melaminharze und Papier)

043

Pianomo (oben)
Design: Shun Ishikawa

Ringo (rechts)
Design: Matthew Jackson

W Table (rechts außen)
Design: Adrian Tan

siehe auch: Abet Laminate 023, 042; Laminate 023, 066, 118, 120, 124, 126; Melaminharz 023 ↑

Vielseitig wie Papier

Abmessungen	30 x 30 x 10 mm; 10 x 43 x 129 mm; 1450 x 2000 mm
Hergestellter Bogen	Gestanztes Polypropylen
Werkstoffeigenschaften	Kann wärmegeschweißt, ultraschallgeschweißt, genietet, geheftet und geprägt werden
	Leicht zu verarbeiten mit niedrigen Rüstkosten
	Exzellente Chemikalienbeständigkeit
	Hervorragendes Potential für formintegrierte Gelenke/Scharniere; Wiederverwertbar
	Manueller Montageprozeß; Hohes Druckhaftvermögen
	Praktisch zerreißfest; Niedrige Dichte
Weitere Informationen	www.vtsdoeflex.co.uk
Anwendungsbereiche	Möbel; Verpackungen

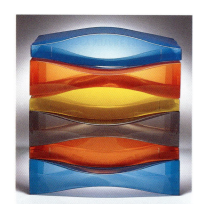

Tummy und Bow Bag (links)

Spine Knapsack (Mitte)
Issey Miyake, Japan
Design: Karim Rashid
Markteinführung: 1997

Tischsets (rechts)
Design: Sebastian Bergne

Polypropylen (PP)

045

Polypropylen ist kein neues Material. Es ist seit den fünfziger Jahren praktisch anonym im Bewußtsein der Menschen und hat sich in der Zwischenzeit bewährt als Werkstoff der neunziger Jahre. Der deutsche Hersteller Authentics ist ein bedeutender Anwender von geformtem Polypropylen, aber als Flachfolienmaterial findet es ebenfalls häufigen Einsatz. Als Bogen hat es die Möglichkeit geschaffen, Kunststoffprodukte durch Verfahren herzustellen, die bisher nur der Papierverarbeitung dienten – wie Falten, Schneiden, Stanzen, Falzen und Rillen –, mit dem Resultat, daß die Produkte mit minimaler Investition für Werkzeugbereitstellung gefertigt werden können. Aufgrund dieser Tatsache ist es daraufhin in allen Bereichen der Verpackung umfangreich verwendet worden. Man benötigt keinerlei Maschinen, um Prototypen zu fertigen, nur ein scharfes Messer, ein Lineal und eine Schneidunterlage.

Der Spine Knapsack gehört zu einer Reihe von Taschen, die exklusiv für die Issey-Miyake-Boutiquen in Japan entworfen wurden. Diese Bogen aus wiederverwertbarem, extrudiertem, transparentem Polypropylen haben Nähte (oder formintegrierte Gelenke bzw. Scharniere), die leicht zu ihrer zweidimensionalen Form abgeflacht werden können. Der Innenbereich besteht aus einer Koextrusion von fluoreszierendem Polypropylen, die ausgewechselt werden kann, so daß das Innere zuweilen gelb, dann wieder orange leuchtet. Der Verschluß der Tasche besteht aus spritzgegossenem Polypropylen. Die Tummy and Bow Taschen, ebenfalls entworfen für Issey Miyake, wurden beide nach demselben Muster kreiert. Die Auskleidung befindet sich in der Mitte, und die Taschen sind zusammengefaltet und -geknickt, so daß sie ein sehr steifes und stabiles Paket abgeben.

siehe auch: Polypropylenbogen 037, 049, 070; Authentics 014, 070–071

Kunststoff-Schneiderei

siehe auch: **Aufblasbar** 051, 092; **PVC** 024, 035, 038–039, 050–051, 058–059, 063, 065, 084, 092, 122–123

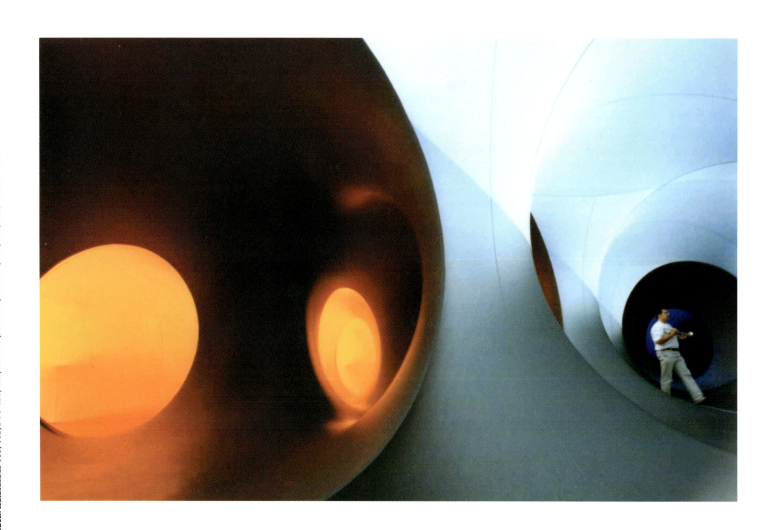

Feuerhemmendes Polyvinylchlorid (PVC)

047

Colourscape
Auftraggeber: Colourscape
Music Festival
Künstler: Peter Jones
1971 erstmals hergestellt

Abmessungen	Von 35 x 40 m bis 50 x 60 m; Höhe 5 m
Herstellung	Hochfrequenzschweißen
Werkstoffeigenschaften	Leicht zu verarbeiten mit niedrigen Rüstkosten
	Flexibel; Leicht zu färben
	Gute Transparenz; Gute UV-Eigenschaften
	Einfache Herstellung von Prototypen
Weitere Informationen	Peter Jones, Tel.: 0044/1970 871709
	Colourscape, Tel.: 0044/20 8763 9298
	www.colourscapefest.in2home.co.uk
	www.oxyvinyls.com
Anwendungsbereiche	Isolierkabelummantelungen; Abwasserrohre;
	Tischdecken; Lenkergriffe für Fahrräder; Spielsachen;
	Verpackungen; Tapeten

Peter Jones, ein Künstler, dessen Medium ursprünglich Farbe war, ist zum Kunststoff übergewechselt, um Raum und Farbe in einem größeren Kontext zu erforschen. Seine daraus resultierende Arbeit ist auf viele Arten beschrieben worden – als Skulptur, Architektur und sogar als „Archiskulptur". Jede der aufblasbaren Strukturen besteht aus vorgefärbten, lichtdurchlässigen PVC-Platten, die so positioniert sind, daß sie einander überlappen und auf diese Art verschiedene Farbvariationen und -kombinationen bilden. Die Farben scheinen sich zu ändern, wo immer eine Platte in die andere übergeht. Dieser Eindruck ist so stark, daß die Besucher oft dem Irrtum erliegen, der Effekt würde durch farbige Lichter erreicht.

In seiner reinen Form ist PVC sehr fest, und für Transport und Lagerung der Aufbauten ist dieses 0,25 mm dünne Material ideal. Die frühen Strukturen wurden exklusiv von Hand gefertigt, aber der größere Anteil der neueren Elemente mußte maschinell hergestellt werden.

Celluloseacetat (CA)
048

Abmessungen	630 x 1430 mm; 6–8 mm Dicke
Produktion	Fertige Blöcke können lasergeschnitten, ausgefräst, wassergestrahlt und durch die meisten konventionellen Flachfolien-Herstellungsverfahren verarbeitet werden
Werkstoffeigenschaften	Geringe Wärmeleitfähigkeit: fühlt sich warm an
	Ausgeprägtes visuelles Erscheinungsbild
	Glänzende Oberflächenbeschaffenheit
	Verschiedene visuelle Effekte möglich
	Antistatisch; Gute elektrische Isolationseigenschaften
	Selbstleuchtend; Hervorragende Schlagfestigkeit
	Gute Transparenz; Vielseitige Produktion
	Hergestellt aus regenerativen Quellen
Weitere Informationen	www.mazzucchelli1849.it/newsite/inglese/comphist.htm
Anwendungsbereiche	Sicherheits- und Sportbrillen; Sonnenbrillengestelle; Modeschmuck; Uhrarmbänder; Regenmäntel; Beleuchtung; Taschen

Handgemacht

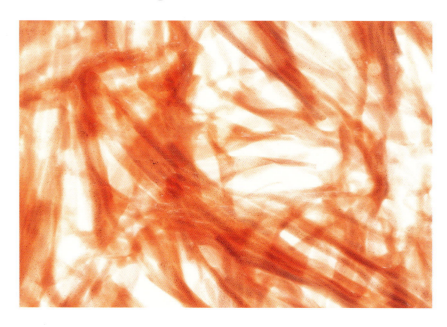

siehe auch: Celluloseacetat 034, 061, 067

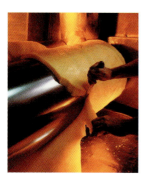

Sicoblock Verarbeitung (links) Flachfolienmaterial Acordis (unten)

Wirbelnde Farbwolken in einer warmen Schicht verarbeiteter Baumwolle. Diese auffällige Qualität macht Celluloseacetat einzigartig. Das Herstellungsverfahren für die Flachfolienproduktion wird seit der Gründung von Mazzucchelli im Jahre 1849 angewandt.

Man benötigt:
- eine große Menge Baumwollpflanzen oder holzfreien Papiers
- natürliche Mineralien oder künstliche Farbe zum Kolorieren
- eine ausreichende Menge Acetat
- ein scharfes Messer
- einen großen, verschließbaren Behälter

Man rupft zuerst die Baumwolle und stellt durch einen Reinigungsprozeß Cellulose her. Wenn keine Baumwolle vorhanden ist, kann man auch holzfreies Papier verwenden. Die gewonnene Cellulose vermischt man mit Acetat und fügt natürliche Mineralien oder künstliche Farbe eigener Wahl hinzu. Danach werden die jeweils erforderlichen Weichmacher und Licht- beziehungsweise Hitzestabilisatoren hinzugefügt. Dieses Gemisch läßt man durch eine Walze laufen, um eine flache Folie zu erhalten, die als „Haut" bezeichnet wird. Die „Haut" sollte eine weiche, schlaffe Folie sein, ähnlich wie Leder. Dann werden aus der „Haut" mit dem Messer verschiedene Formen ausgeschnitten. Anschließend legt man die ausgeschnittenen Formstücke vorsichtig in den großen Behälter. Jetzt wird der Behälter Hitze und Druck ausgesetzt und unterirdisch vergraben. Wenn das Gemisch die Konsistenz eines dicken Gelees erreicht hat, kann der Block in dünne Scheiben geschnitten werden. Diese Scheiben werden zum Trocknen aufgehängt.

Polypropylen (PP)

049

Beleuchtung im Kasten

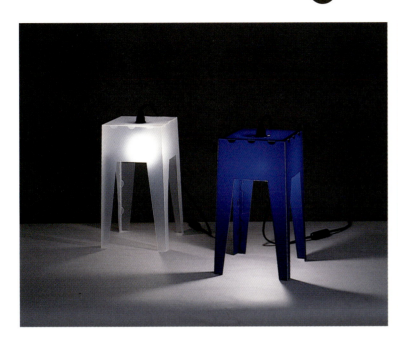

Ultra Luz
Auftraggeber: Proto Design
Design: Marco Sousa Santos,
Pedro S. Dias
Markteinführung: 1995

Abmessungen	Diverse
Herstellung	Gestanzte Polypropylenbogen
Werkstoffeigenschaften	Z. T. flammgeschützte Typen; Waschbar; Unzerbrechlich
	Kann heißgeschweißt, ultraschallgeschweißt, genietet, geheftet und geprägt werden
	Hervorragende Chemikalienbeständigkeit
	Leicht und vielseitig zu verarbeiten
	Hervorragendes Potential für formintegrierte Gelenke oder Scharniere
	Hohes Druckhaftvermögen
	Geringe Wasseraufnahme und Wasserdampfdurchlässigkeit
	Manueller Montageprozeß; Wiederverwertbar
	Sehr niedrige Rüstkosten
Weitere Informationen	www.vtsdoeflex.co.uk
Anwendungsbereiche	Möbel; Verpackungen; Beleuchtung; Schreibwaren; Tischsets; Verkaufsstellen

Ultra Luz ist das Resultat der Erkundung des Potentials einer selbstmontierbaren Lampe, die nur aus flachen Polypropylenbogen und Standard-Beleuchtungskörpern besteht. Die Einschränkungen, die diesem einfachen und preiswerten Herstellungsprozeß auferlegt sind, verlangten neue Annäherungen an die Ästhetik und Funktion von Beleuchtung.

Polypropylenbogen sowie ultraschallgeschweißte PVC-Bogen bauen das Vorurteil ab, daß Designerprodukte nur für Leute gemacht seien, die Geld haben. Es bietet sich eine breite Auswahl an Farben und Druckverfahren an, die endlose Möglichkeiten bieten, mit diesem Werkstoff neue Formen für Produkte des täglichen Gebrauchs zu schaffen. Die Kollektion besteht aus einer Reihe von 19 Hänge- beziehungsweise Tischlampen-Modellen, die alle selbstmontierbar sind. Um den ursprünglichen Zustand des Materials zu betonen, werden die Lampen in Pizzaschachteln verkauft und vom Benutzer selbst zusammengebaut.

siehe auch: Selbstmontage 019, 093, 121; Polypropylenbogen 037, 045, 070; PVC-Bogen 035, 039, 050–051, 059

Ohne großen Aufwand....

Herstellung	Ultraschallgeschweißte PVC-Bogen mit Satinoberfläche
Werkstoffeigenschaften	Leicht herzustellen, bei niedrigen Rüstkosten
	Flexibel und vielseitig
	Leicht zu färben; Gute UV-Eigenschaften
	Einfache Herstellung von Prototypen
	Robust, auch bei Niedrigtemperaturen
	Gute Transparenz
Weitere Informationen	www.inflate.co.uk, www.vinylinfo.org
Anwendungsbereiche	Chemiefässer; Tragetaschen; bewegliche Spielsachen; Auto-Benzintanks; Kabelisolierung; Möbel

Polyvinylchlorid (PVC)

051

Die Verwendungen von PVC innerhalb der Herstellung sind umfangreich, aber Inflate – gegründet 1995 – hat daran gearbeitet, diesem Bogenmaterial eine spaßmachende, dynamische Aura zu verleihen, seine zugänglichen, preisgünstigen Qualitäten hervorzuheben und ihm volle Aufmerksamkeit zu sichern. Für Hochschulabsolventen des Fachbereichs Design löste die Fertigung von aufblasbaren Artikeln das Problem, wie man Kunststoffprodukte mit geringem Werkzeug- und Kapitalaufwand massenproduzieren kann. Der Wert ihrer unterschiedlichen Kollektionen an aufblasbaren Produkten resultiert aus der Tatsache, daß sie Erzeugnis und Herstellung auf ein Material und ein Verfahren (Ultraschallschweißen) beschränken und auf diese Art originelle Produkte kreieren.

Das Tauchverfahren war eine natürliche Entwicklung bei den aufblasbaren Produkten. Es erfüllte die Kriterien für leuchtende Farben und preisgünstige, flexible Herstellung. Inflate hat sich auf dem Gebiet des zeitgenössischen Designs als Unternehmen bewährt, das die „Low-Technology-Grundsätze" der PVC-Bogen übernommen hat, mit bis dahin geringwertigen Produkten. Durch ihr Design haben sie neue Objekte mit hochwertiger Anmutung gefunden, während sie sich noch immer eines sehr einfachen Verfahrens bedienen. Ihre Leistung hebt – durch die Anwendung eines praktischen, fast handwerklichen Verfahrens mit minimalem Werkzeugeinsatz – die Vorstellung auf, daß Kunststoff lediglich ein kostenaufwendiger Werkstoff für die Massenproduktion ist. Die Produkte können in Tausender-Stückzahlen genauso einfach hergestellt werden wie als Prototypen.

1. Schablone für den Prototyp

2. Übertragung der Kopierschablone

3. Schweißmaschine

Tischlampe
Auftraggeber: Inflate
Design: Nick Crosbie
Markteinführung: 1995

siehe auch: PVC 024, 035, 038–039, 047, 058–059, 063, 065, 084, 092, 122–123; PVC-Bogen 035, 039, 049, 059; Handwerksverfahren 055, 063

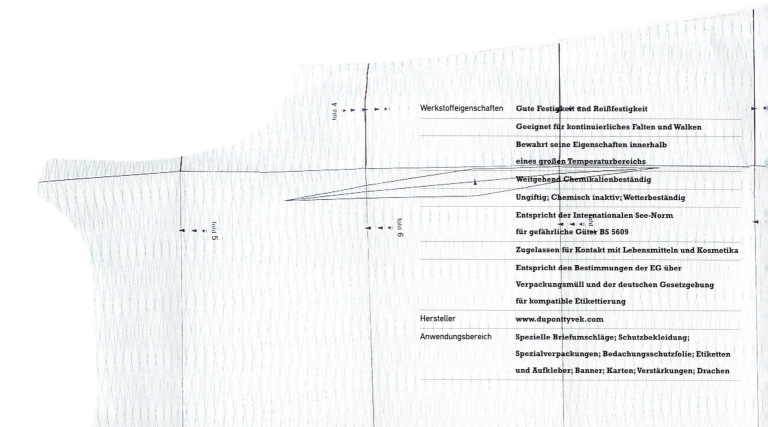

Werkstoffeigenschaften	Gute Festigkeit und Reißfestigkeit
	Geeignet für kontinuierliches Falten und Walken
	Bewahrt seine Eigenschaften innerhalb eines großen Temperaturbereichs
	Weitgehend Chemikalienbeständig
	Ungiftig; Chemisch inaktiv; Wetterbeständig
	Entspricht der Internationalen See-Norm für gefährliche Güter BS 5609
	Zugelassen für Kontakt mit Lebensmitteln und Kosmetika
	Entspricht den Bestimmungen der EG über Verpackungsmüll und der deutschen Gesetzgebung für kompatible Etikettierung
Hersteller	www.duponttyvek.com
Anwendungsbereich	Spezielle Briefumschläge; Schutzbekleidung; Spezialverpackungen; Bedachungsschutzfolie; Etiketten und Aufkleber; Banner; Karten; Verstärkungen; Drachen

Dünn wie Papier – aber superstark !

Polyethylenfasern hoher Dichte (HDPE)

053

Tyvek® ist DuPonts Markenname für eine Kollektion von Bogenmaterial aus Polyethylen hoher Dichte. Der Bogen wird geformt durch das Drehen von endlosen Strängen aus sehr feinen, verbundenen Fasern, die dann unter der Einwirkung von Wärme und Druck miteinander verbunden werden.

Es sind verschiedene Stärken erhältlich, die für verschiedene Qualitäten stehen, von ziemlich steif bis stoffartig. Es kann geklammert, genäht, geknüpft oder geleimt werden. Wenn ein Loch eingestanzt wurde, so wird das Material dadurch nicht geschwächt, und es kann sogar mittels eines Computer-Druckers bedruckt werden, obwohl dies ziemlich schwierig sein soll. Ein Anwendungsbereich für Tyvek® sind Segelkarten, die – bei Untertauchen – bis zu einem Zeitraum von drei Monaten salzwasserfest sind.

Das Hussein-Chalayan-Kleid wurde mit der Absicht entworfen, die Diskussion über das Briefeschreiben anzufachen und kann als Kleidungsstück, Kunst oder als Brief betrachtet werden. Es ist absichtlich so konzipiert, daß man es falten und einrollen kann. Die Größe des Kleidungsstücks kann durch Perforationen und Klebeetiketten individuell angepaßt werden.

Airmail Dress (Luftpost-Kleid)
Auftraggeber: Hussein Chalayan
Design: Rebecca und Mike

siehe auch: Polyethylen 014–016, 034, 038, 105, 107, 113, 116, 125; Leim 063, 084, 121, 123; Bedrucken 034, 041, 044, 049, 088, 130

Abmessungen	Bogengröße 3680 x 760 x 13 mm
Herstellung	Wärmebiegen
Werkstoffeigenschaften	Dehnbar in angewärmtem Zustand
	Hohe Schlagfestigkeit; Stark und hart
	Einfache Beseitigung von Kratzern
	Ermöglicht vielseitige Herstellungsmethoden
	Weitgehend abbaubar; Hygienisch; Schmutzbeständig
	In verschiedenen Bogenstärken erhältlich
	Gute Farbbeständigkeit
	Hervorragende Chemikalienbeständigkeit
Weitere Informationen	www.corian.com, www.dupont.com
Anwendungsbereiche	Möbel; Arbeitsflächen; Beleuchtung; Einzelhandel; Intelligente Schreibtischplatten/Arbeitsplatten; Beförderungsmittel; Wandverkleidung; Regalbau

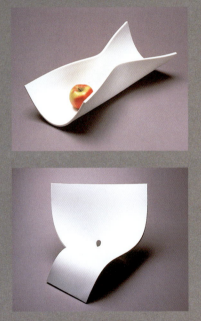

Design: Gitta Gschwendtner
und Fiona Davidson
Auftraggeber: DuPont Corian®
Markteinführung: 2000

Polymethylmethacrylat (PMMA) und Aluminiumbauxit

055

Sein traditioneller Gebrauch als Küchenarbeitsfläche ist ideal, da Kratzer oder Beulen aller Art in der Oberfläche ganz einfach weggeschliffen werden können. Die Undurchlässigkeit seiner Oberfläche macht es außerdem hygienisch. Aber Corian® ist aus Bad und Küche direkt in die Design-Szene gekommen. Fiona Davidson und Gitta Gschwendtner haben ein Handwerksverfahren eingesetzt, das es dem Material ermöglicht, seine einzigartigen Qualitäten zu zeigen.

Corian® ist der Markenname für ein Komposit aus natürlichen Mineralien, reinem Acryl-Polymer und Pigmenten. Dieses homogene Material wurde vor dreißig Jahren als Küchenarbeitsplatte auf den Markt gebracht und kann gegossen, geschliffen, sandgestrahlt, thermogeformt, vakuumgeformt und in einer enormen Bandbreite an Formen und Gestalten weiterverarbeitet werden. Es ist naturgemäß stark, haltbar und in hohem Maße verwertbar. Die Oberfläche erinnert an Marmor, ist aber wärmer, mit einer seidenglatten, natürlichen Oberflächenveredlung. Kratzer und Verunstaltungen können weggeschliffen und die Oberfläche kann poliert werden. DuPont bietet es in einer Kollektion von 93 Farben und Strukturen an – inklusive lichtdurchlässigen und lichtreflektierenden Oberflächenqualitäten. Zur Herstellung der Bogen ist nur minimale Werkzeugbereitstellung erforderlich, und sie können mit einem Zweikomponenten-Reaktionsklebstoff nahezu nahtlos verbunden werden.

Einprägungen und Nischen können in die Oberfläche des Materials geschnitzt oder geformt werden, was neue Funktionen für Standardschreibtische ermöglicht. Diese Produkte sind darauf angewiesen, daß das Material erhitzt wird. Um während des Abkühlprozesses die Bewegung von Corian® einzuschränken, bedient man sich hölzerner Spann- und Klemmvorrichtungen. Diese vereinfachte Herstellungsphilosophie hat Objekte zur Folge, die schamlos ihre Herkunft aus dem Bogenmaterial zur Schau stellen.

Aus der Küche

siehe auch: Handwerksverfahren 051, 063; Acryl 031, 040–041, 088

057 Basics-neu

Hitzebeständig, flexibel

Abmessungen	**110 x 210 mm**
Herstellung	**Heißgetauchtes, hitzebeständiges PVC; 25-Watt-Lampe**
Werkstoffeigenschaften	**Ausgezeichnete Eigenschaften im Außenbereich**
	Niedrige Rüstkosten; Einfache Herstellung
	Weich; Formen können Kerben enthalten
	Leichte Herstellung von Prototypen
	Gute Griffigkeit; Preiswertes Material
Weitere Informationen	**www.droog.nl, www.vinylinfo.org**
	www.dmd-products.com
Anwendungsbereich	**Lenkergriffe**

Polyvinylchlorid (PVC)
059

Seit ihrer Gründung 1994 haben Droog Design in den Niederlanden die Vorstellungen zu verschiedenen Objekt-Typologien herausgefordert und Vorurteile über Materialfunktionen in Frage gestellt. Sie sind nicht damit zufrieden, lediglich neue Formen zu bieten, sondern wollen Produkte mit neuen Funktionen und Bedeutungen kreieren. Sie bringen den Gebrauch von Kunststoff als Werkstoff für Großserien in Einklang mit Freidenkertum und Experimentieren, was zur Herstellung von 10 oder 1000 Stück eines Designobjekts führen kann.

PVC ist ein extrem vielseitiges Polymer. Unvermischt ist es ein starres Material – obwohl es durch den Zusatz von Plastifikationsmitteln so weich gemacht werden kann wie in dem PVC-Bogen, der für die Soft Lamp benutzt wurde. Für Arian Brekvelds Lampe wurde ein sehr geläufiges Heißtauchverfahren angewandt, um PVC neuen Bereichen zu erschließen. Das hitzebeständige PVC hat das Aussehen von Glas mit dessen durchsichtiger Qualität, die genug Licht durchläßt, um für ein weiches Glühen zu sorgen, wenn die Lampe eingeschaltet ist und auch eine sinnliche Erfahrung bietet. Brekveld selbst sagt dazu: „Ich habe versucht, die Form der Lampe so zurückhaltend wie möglich zu gestalten. Es gefällt mir, daß das Netzkabel fast mit dem Schatten verschmilzt."

Soft Lamp
Auftraggeber: DMD
Design: Arian Brekveld
Markteinführung: 1995

siehe auch: PVC 024, 035, 038–039, 047, 050–051, 063, 065, 084, 092, 122–123; PVC-Bogen 035, 039, 049–051

Acrylnitril-Butadien-Styrol (ABS)

060

Metall oder Kunststoff?

Abmessungen	200 x 60 x 50 mm
Herstellung	Spritzgegossenes ABS; spritzgegossenes TPO
Werkstoffeigenschaften	Niedrige Kosten; vielseitige Produktion
	Gute Chemikalienbeständigkeit
	Hohe Oberflächenhärte und Kratzfestigkeit
	Gute Maßhaltigkeit; Hohe Schlagfestigkeit
	Hervorragende mechanische Festigkeit und Steifigkeit
Weitere Informationen	www.acco.com, www.geplastics.com
Anwendungsbereiche	Gebrauchselektronik; Spielsachen; weiße Ware; Fahrzeugkonsolen; Türverkleidungen; Außenfenstergitter

Acco wollte sein massenproduziertes, kostengünstiges Heftgerät durch ein aktualisiertes, verbessertes Design ersetzen, ohne jedoch die Kosten zu steigern. Typischerweise funktionieren Kunststoff-Heftgeräte nicht so gut wie solche aus Metall. Durch gründliche Analysen und aufmerksame technische Planung war es dem Designer-Team möglich, ein ABS-Heftgerät zu entwickeln, das nur bei weniger als einem Prozent der umfassenden Leistungstests schlecht abgeschnitten hat. Dies machte es möglicherweise zu einem der besten Swingline-Tacker überhaupt, ein erstaunliches Ergebnis, wenn man die Tatsache berücksichtigt, daß es sich um eine „billige" Kunststoffausführung handelt und die Marke Swingline seit jeher für ihre robusten, zuverlässigen und dauerhaften Produkte bekannt ist. Die Rippen beeinflussen nicht nur sichtbar das Design, sondern sorgen auch für die notwendige Steifigkeit in der Kappe und stellen dadurch sicher, daß ihre hohe Leistung erhalten bleibt. Das Produkt kann ohne Werkzeug montiert, demontiert und auf einfache Weise für die Wiederverwertung getrennt werden.

Swingline Desktop/
Swingline Worx´99
Mini-Heftgerät
Auftraggeber: Acco
Design: Scott Wilson
Markteinführung: 1998

siehe auch: ABS 027, 021, 075, 077, 097, 121

Celluloseacetat (CA)
061

Schraubenzieher
Acordis

Warm

Abmessungen	Verschiedene
Herstellung	Spritzgegossen
Werkstoffeigenschaften	Niedrige Wärme und geringe Wärmeleitfähigkeit
	Flexible Herstellung; Gute Auswahl an visuellen Effekten; Hervorragendes Fließvermögen
	Hervorragende Glanzveredlung der Oberfläche
	Gute elektrische Isoliereigenschaften
	Antistatisch; Selbstleuchtend; Gute Transparenz
	Hervorragende Schlagfestigkeit
	Auffallendes optisches Erscheinungsbild
	Aus regenerativen Quellen hergestellt
Weitere Informationen	Acordis Ltd., Derby, UK
Anwendungsbereiche	Werkzeuggriffe; Haarspangen; Spielzeug; Schutzbrillen und -schirme; Brillenfassungen; Zahnbürsten; Besteckgriffe; Kämme; Fotofilme

Es fühlt sich warm an, ist schweißunempfindlich und selbstleuchtend – Celluloseacetat in seinen strahlenden, transparenten Farben ist ein altes Polymer. Da es Anfang des letzten Jahrhunderts entwickelt wurde, ist es sogar älter als Bakelit. Und weil es aufgrund seines gewöhnlich marmorierten Effekts eines der am leichtesten wiederzuerkennenden Polymere ist, sieht man es immer wieder in Form von Werkzeuggriffen, Brillenfassungen und Haarspangen. Eingesetzt bei Handwerkzeugen sorgt es für ein ausgeglichenes Verhältnis zwischen hervorragender Schlagfestigkeit und guter Griffigkeit. Andere Werkstoffe – wie Polypropylen – verfügen über eine bessere Schlagfestigkeit, würden sich jedoch sicherlich schlüpfriger anfühlen. Die selbstleuchtende Eigenschaft kommt von der zarten Natur des Materials; leichte Kratzer in der Oberfläche können problemlos wegpoliert werden. Dadurch, daß es teilweise aus Baumwolle und Holz besteht (Cellulose), kann es sowohl spritzgegossen als auch rotationsgegossen oder extrudiert werden. Es ist ebenfalls in Bogen erhältlich.

siehe auch: Celluloseacetat 034, 048, 067; Bakelit 066, 124, 126, 132; Polypropylen 014–016, 025, 037, 045, 049, 070, 083, 106, 109

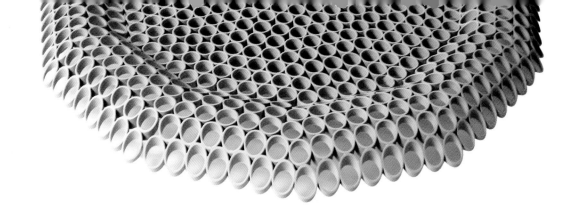
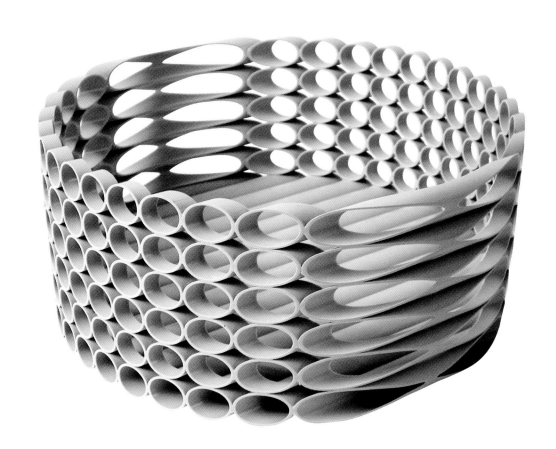
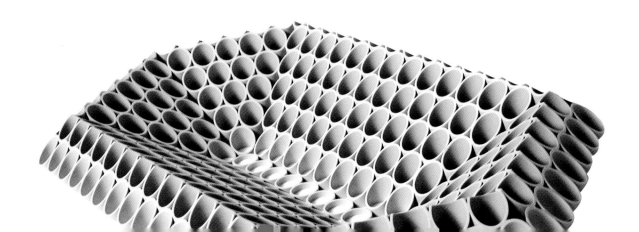

Starres Polyvinylchlorid (PVC)

063

Altes Verfahren – modernes Material

Diese organisch aussehenden Strukturen haben einen sehr unwahrscheinlichen Ursprung. Auf einer Drehbank gedreht – unter Verwendung einer Form von PVC, die normalerweise für Leitungsrohre benutzt wird – werden diese Teile aus einem modernen, industriell hergestellten, vorgeformten Material in einem Handwerksverfahren gefertigt.

Die Designer experimentieren nicht unbedingt so mit dem Material, wie Gaetano Pesce oder Bobo Designs das tun, statt dessen verwenden sie einen industriell vorgeformten, extrudierten Werkstoff, der für andere Funktionen gedacht ist, und setzen diesen in einer Zwischenstufe in ein anderes Produkt um. Durch die einfachen, winkligen Schnitte wird eine unvorhersehbare Gestalt erzielt und für eine halbfeste Form gesorgt. Die Objekte sind aus festen, rohrförmigen PVC-Teilen gefertigt. Die einzelnen Rohre werden zuerst zu einem Block zusammengeleimt. Je nach gewünschter Form werden sie entweder gedreht oder mit einer Bandsäge geschnitten. Die Formen sind ganz bewußt schlicht gehalten, um mehr über die Idee auszusagen als über die Gestalt. Die Rohrdurchmesser variieren von 16 mm bis 50 mm.

Behälter
Auftraggeber: Selbstinitiiertes Projekt
Design: Dela Lindo
Markteinführung: 2000

Abmessungen	**Maximum: 250 x 400 mm**
	Minimum: 150 x 300 mm
Herstellung	**Gedrehte PVC-Rohre**
Werkstoffeigenschaften	**Hervorragende Chemikalienbeständigkeit**
	Gute Zähigkeit und Steifigkeit
	Kann steif und stark gefertigt werden
	Leicht zu verarbeiten; Relativ geringe Kosten
	Gute Klarheit; Gute Wetterbeständigkeit; Flammfest
Weitere Informationen	**www.vinylinfo.org, www.basf.de**
	www.oxyvinyls.com
Anwendungsbereiche	**Rohre; Dachrinnen; Schuhe; Kabelisolierung; Spielzeug; Spritzgegossene Produktgehäuse; Strangpreßplatten; Verglasungen; Verpackungen; Kreditkarten**

siehe auch: PVC 024, 035, 038–039, 047, 050–051, 058–059, 065, 084, 092, 122–123; Handwerksverfahren 051, 055; Pesce 026; Bobo 040, 088

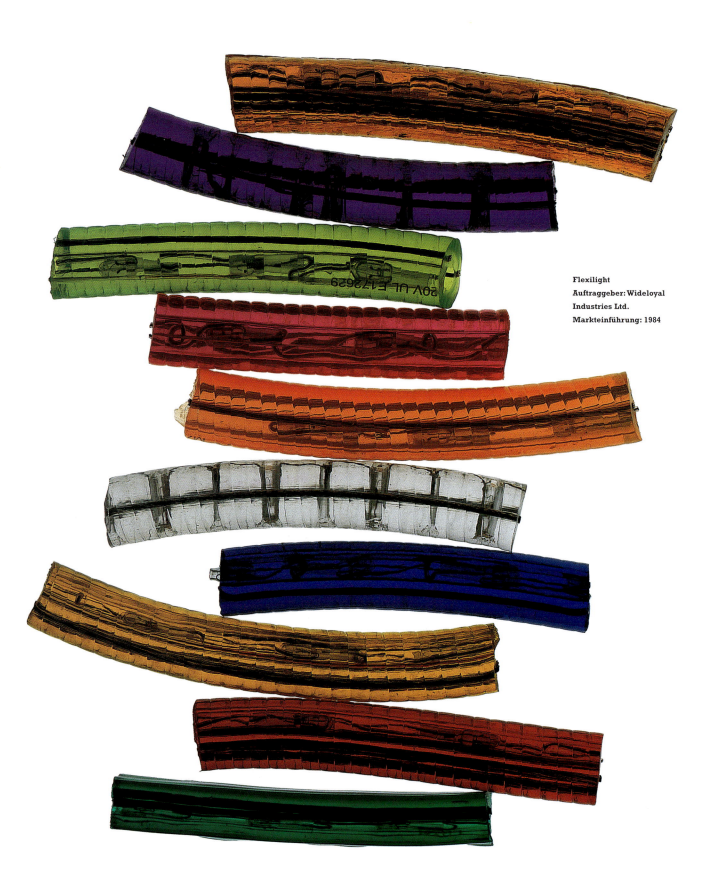

Flexilight
Auftraggeber: Wideloyal Industries Ltd.
Markteinführung: 1984

Polyvinylchlorid (PVC)

065

Eine Reihe von winzigen Leuchtdioden (LEDs), verkapselt in einem Schlauch, ist das Prinzip hinter dieser Beleuchtungsart. Dieses „Lichterketten"-Konzept kann man in den meisten Ländern der Welt finden, verwendet als Außendekoration von öffentlichen Gebäuden oder Weihnachtsbäumen in den Städten. Da die Glühbirnen in der PVC-Verkleidung versiegelt sind, kann man sie nicht ersetzen. Die Miniatur-Glühbirnen im Flexilight sind spezielle Sicherungsglühbirnen, so daß nur die defekte Birne aussetzt, ohne die anderen aus der Serie in Mitleidenschaft zu ziehen.

Diese Beleuchtung ist die perfekte Anwendung für geformtes PVC. Es wird klassifiziert als Massenkunststoff, am untersten Ende der Skala, was die Kosten betrifft. Daher ist es ideal für Anwendungen, die riesige Materialmengen erfordern. Diese Tatsache, kombiniert mit der Verwandlungsfähigkeit des PVC und der Möglichkeit, es als Zusatzstoff für das Erstellen verschiedener Sorten hinzuzufügen, macht es zur naheliegenden Lösung für die Fertigung preisgünstiger Konsumprodukte.

Lichterketten

Abmessungen	Standard-Lagermaterial lieferbar in 50-m- und 100-m-Längen
Herstellung	Gezogenes PVC
Werkstoffeigenschaften	Durch Zusatzstoffe erhält es ein breites Spektrum an Eigenschaften
	Leicht zu verarbeiten; Leicht zu färben; Wandlungsfähig
	Gute Korrosions- und Fleckenbeständigkeit
	Kostengünstig; Gute Steifigkeit
	Hervorragendes Verhalten im Freien
	Gute Chemikalienbeständigkeit
Weitere Informationen	www.wideloyal.com.hk
Anwendungsbereiche	Verpackung; Tauchverfahren; Ablaufrohre; Haushaltsgeräte; Kreditkarten; Regenmäntel; Fahrzeuginnenbereich

siehe auch: PVC 024, 035, 038–039, 047, 051, 058–059, 063, 084, 092, 122–123

Melamin-Formaldehydharz (MF)

066

Posacenere (Aschenbecher)
Design: Anna Castelli Ferrieri
Auftraggeber: Kartell
Markteinführung: 1979

Es ist ein schwerer, steifer Werkstoff mit dem Potential für eine hochglänzende Oberfläche. Es gibt absolut keinen Geruch oder Geschmack an Nahrungsmittel weiter und ist hart, dicht, steif und unzerbrechlich. Melamin kommt aus derselben Familie von Duroplasten wie Harnstoff-Formaldehyd und Phenolharz, es ist jedoch teurer als die anderen Mitglieder dieser Gruppe. Die harte, leuchtende, unporöse Oberfläche ist zum Teil der Grund dafür, daß es beim Design von Eßgeschirr, Platten und Schüsseln eine beliebte Alternative zu Keramik gewesen ist.

Kleinserienproduktion

Abmessungen	3 x 13 cm
Herstellung	Spritzgießgeformt
Werkstoffeigenschaften	Geruchsfrei; Gute elektrische Isolierungseigenschaften
	Hohe Schlagfestigkeit; Schmutzfest; Feuerbeständig
	Wärmebeständig; Leicht zu färben
	Hervorragende Chemikalienbeständigkeit
	Kratzfest; Hochglänzend
	Begrenzte Produktionsverfahren
Weitere Informationen	www.perstorp.com, www.kartell.it
Anwendungsbereiche	Griffe; Ventilatorgehäuse; Schutzschalter; Aschenbecher;
	Knöpfe; Eßgeschirr; Kunststoff-Laminate

In den dreißiger Jahren wurden Melaminverbindungen wegen ihrer Fähigkeit, Farben aufzunehmen und zu bewahren, zum frühen Ersatz für Bakelit. Geformtes Melamin hatte seine Blütezeit in den fünfziger Jahren und war damals als glänzendes, mehrfarbiges Tischgeschirr weit verbreitet.

Heute ist es erhältlich als Modelliermasse, aber es wird wahrscheinlich noch mehr als Harz zur Papierbindung in Kunststoff-Laminat verwendet. Als Rohmaterial ist es lichtdurchlässig, aber der Zusatz von bestimmten Füllstoffen, üblicherweise Cellulose, kann ihm größere Dauerhaftigkeit, Stabilität und bessere Färbefähigkeit verschaffen. Was die Herstellung betrifft, kann es spritzgegossen und im Preßverfahren verarbeitet werden, wobei Pulver verwendet wird, das ihm eine größere Oberflächenqualität verleihen kann. Seine gute Wärmebeständigkeit macht es zu einem perfekten Werkstoff für Aschenbecher, wie hier illustriert durch den Aschenbecher von Anna Castelli Ferrieri für Kartell.

siehe auch: Melamin 037, 042–043, 120; Harnstoff-Formaldehyd 124; Phenolharz 120, 126; Laminat 023, 042–043, 118, 120, 124, 126; Cellulose 034, 048, 061, 067; Kartell 024–025, 028–030, 098–099

Celluloseacetatpropionat (CAP), Nylon (PA)

067

Radius Original Toothbrush
Auftraggeber: Radius
Design: James O´Halloran
Markteinführung: 1982

Geschmacklos

Das tägliche Zahnputzritual ist schon sehr alt: bereits die Ägypter benutzten kleine Zweige, deren Enden zu weichen Fasern ausgefranst worden waren. Bis zur Erfindung von Nylon – in den dreißiger Jahren – wurden die Borsten aus Wildschweinborsten oder Pferdehaar gemacht. Eastman Chemicals ist die einzige Firma weltweit, die Cellulosepropionat herstellt. Es ist einer der wenigen Kunststoffe, die von einer regenerativen Quelle abgeleitet werden und wird seit 1928 in der Fertigung verwendet. In Zahnbürsten bietet es eine Alternative zu seinem engsten Verwandten, Celluloseacetat, das einen leicht scharfen Geschmack im Mund hinterläßt.

Die Zahnbürstenfirma Radius wurde 1982 von zwei Architekten gegründet, die die Leute mit einer „bequemen und angenehmen" Zahnbürste versorgen wollten, mit „weichen Nylonborsten, großem Kopf für niedrigen Druck und einem komfortablen Griff."

Abmessungen	163 x 40 mm
Herstellung	Spritzgegossen
Werkstoffeigenschaften	Geschmacklos; Fühlt sich angenehm an
	Ausgeprägtes visuelles Erscheinungsbild
	Leichtgewichtig; Einfach herzustellen
	Gute Auswahl an visuellen Effekten; Gute Transparenz
	Hervorragende Glanz-Oberflächenveredlung
	Gute Elastizität; Exzellente Schlagfestigkeit
	Hergestellt aus regenerativer Quelle
Weitere Informationen	www.radiustoothbrush.com
	www.eastman.com, www.dupont.com
Anwendungsbereiche	Werkzeuggriffe; Haarklammern; Spielsachen;
	Schutzbrillen und -schirme;
	Brillenfassungen; Zahnbürsten; Fotofilme

siehe auch: Nylon 034, 091, 093, 098, 100, 118; Celluloseacetat 034, 048, 061

Polyamid (PA)

069

„Bis jetzt konnte der Prozeß, ein beliebiges Objekt zu schaffen, unter einer oder mehreren der folgenden Methoden zusammengefaßt werden:

1. Wegnehmen: Abspalten, Schnitzen, Rotieren, Fräsen, Meißeln, das heißt, die Beseitigung von Überschuß
2. Formen: Spritzgießverfahren, Gießverfahren, Blasformverfahren und bis zu einem gewissen Maße Extrudieren, das heißt, der Werkstoff strömt in flüssiger Form in den Behälter, um dort dessen Gestalt anzunehmen, und wird anschließend gehärtet
3. Gestalten: Biegen, Stanzen, Hämmern, Falzen, Vakuumformen, das heißt, ein Flachbogenmaterial wird in eine bestimmte Gestalt gezwungen
4. Montieren: Schweißen, Kleben, Heißkleben, etc., das heißt, es werden Teile auf irgendeine Art zusammengefügt

Nun, es gibt noch eine fünfte Methode – ZÜCHTEN!"
Ron Arad

Gezüchtet

Alle Objekte, die man in dieser Kollektion sehen kann, wurden in einem Behälter von computergesteuerten Laserstrahlen „gezüchtet". Sie hätten kaum durch eine der oben aufgelisteten vier Methoden gefertigt werden können.

Ausgerufen von Ron Arad als die „fünfte Methode", Dinge herzustellen, wird das Selektive Lasersintern (SLS) traditionell von Ingenieuren verwendet, um einen schnellen Prototyp von Produkten anzufertigen. Das Verfahren beginnt, indem man ein 3-D-Computerbild nimmt und es an eine Maschine sendet, die eine perfekte Reproduktion des Designs herstellt. Ein Laserstrahl wird durch ein Polyamid-Pulver gesendet, das daraufhin in ausgewählten Bereichen zu einem stabilen Material gehärtet wird. Die Bauteile werden als Serie verschiedener Schichten gebildet. Die Tatsache, daß das Pulver ein Feststoff ist, bedeutet, daß die Teile keine abstützenden Verstrebungen benötigen, wie sie ein weiterer Rapid-Prototyping-Prozeß erfordert, die Stereolithografie, bei der man ein flüssiges Polymer anstelle eines Pulvers verwendet.

Not made by Hand
Not made in China
Vertrieb: Gallery Morman
Design: Ron Arad, Geoff Crowther, Yuki Tango, Elliot Howes
Markteinführung: 2000

Abmessungen	**Diverse**
Herstellung	**Selektives Lasersintern**
Werkstoffeigenschaften	**Geeignet zur Prototypfertigung**
	Rauhe Oberflächenbeschaffenheit, die durch Nacharbeiten verbessert werden kann
	Höherer Kostenaufwand als bei der Stereolithografie
	Geeignet für Teile, die hohe mechanische Festigkeit und Wärmebeständigkeit erfordern
	Kann Eigenschaften entwickeln, die mit denen spritzgegossener Teile vergleichbar sind
Weitere Informationen	**www.materialise.be**
	www.ronarad.com
Anwendungsbereiche	**Funktionelle Produkte mit Schnappverschlüssen;**
	Formintegrierte Gelenke/Scharniere;
	Thermisch und mechanisch belastete Teile

siehe auch: Arad 024–025; Polyamid 016, 018, 069, 091, 093

Polypropylen (PP)

070

Oberfläche als Marke

siehe auch: Authentics 014, 045, 071; Tupperware 015, 125; Polypropylen 014–016, 025, 037, 061, 100, 106, 109; Polypropylenbogen 037, 045, 049

SIP Probierlöffel
Auftraggeber: Authentics
Design: Sebastian Bergne
Markteinführung: 1998

Der deutsche Hersteller Authentics war in den neunziger Jahren ein Synonym für steinartigen, mattierten, sorbetfarbigen, lichtdurchlässigen Kunststoff, genau wie in den fünfziger Jahren Tupperware mit glänzendem, wächsernem, leuchtend farbigem Kunststoff assoziiert wurde. Es gibt keinen modernen Haushalt ohne ein Authentics-Produkt oder wenigstens der Reproduktion eines solchen. Sie sind bekannt für moderne Interpretationen nützlicher Gebrauchsgegenstände.

Authentics hat mit Polypropylen – einem modernen Werkstoff in gegossener Form oder in Bogenform – die Richtung angegeben. Die großen Kunststoffoberflächen sind anfällig für Kratzer und Mängel, die jedoch aufgrund der mattierten Oberfläche des Materials nicht auffallen. Die Anwendung des Spritzgießverfahrens bedeutet, daß individuelle Produkte zu einem angemessenen Preis hergestellt werden können. Der Probierlöffel wurde entworfen, um heiße Suppen oder Saucen durch Umfüllen von einer Wölbung des Löffels in die andere vor dem Probieren abzukühlen.

Abmessungen	230 x 55 x 15 mm
Herstellung	Spritzgegossenes Polypropylen
Werkstoffeigenschaften	Hohe Wärmebeständigkeit
	Hervorragende Chemikalienbeständigkeit
	Niedrige Wasseraufnahme und Wasserdampfdurchlässigkeit
	Kann unzählige Male gebogen werden, ohne zu brechen
	Ausgewogenes Verhältnis zwischen Zähigkeit, Steifigkeit und Härte
	Leicht und vielseitig zu verarbeiten
	Relativ niedrige Kosten
	Niedrige Dichte; Niedriger Reibungskoeffizient
Weitere Informationen	www.dsm.com/dpp/mepp
	www.basell.com, www.dow.com/polypro/index
Anwendungsbereiche	Gartenmöbel; Nahrungsmittelverpackungen; Flaschenkästen

Acrylnitril-Butadien-Styrol (ABS)

071

Acrylnitril-Butadien-Styrol (ABS), ein thermoplastisches, copolymeres Harz, bietet eine ausgewogene Palette an Eigenschaften, die darauf zugeschnitten werden können, sich speziellen Bedürfnissen anzupassen. Härte, Zähigkeit und Steifigkeit sind seine Hauptmerkmale.

Die verschiedenen Harz-Stufen von ABS bestehen aus dem Verschnitt eines Elastomer-Elements (Kautschuk) – Polybutadien –, das hohe Schlagfestigkeit bietet, einem amorphen (unkristallinen) Thermoplast aus Styrol, das die Verarbeitung leichter macht (leichter Fluß in die Form) und Acrylnitril, welches für Härte, Steifigkeit und Chemikalienbeständigkeit sorgt. Die Steuerung dieser drei Monomere gibt Designern die Flexibilität, die sie für die letztendliche Anwendung benötigen. Das ist sicherlich auch der Grund dafür, daß es breite Verwendung für die Herstellung von Haushaltsgeräten und weißen Produkten findet. Obwohl es nicht so zäh ist wie andere technische Polymere, bietet es exzellente Rentabilität.

Von Kindheitserinnerungen inspiriert, entwarf Stefano Giovannoni eine Kollektion von Kunststoffprodukten für Alessi, die viel dazu beigetragen haben, das Image dieses Goliaths des modernen Designs zu erneuern. Er hat es möglich gemacht, daß die Werkstoffe vollständig dafür genutzt werden, leuchtende, farbige Charaktere zu entwickeln, die auf unsere Erinnerungen ansprechen. ABS wird für die stark verschleißende Anwendung eines Dosenöffners benutzt, dessen besonderer Mechanismus es ermöglicht, den geöffneten Teil der Dose als Deckel wiederzuverwenden.

Abmessungen	190 x 65 mm
Herstellung	Spritzgegossen, mit Stahl-Mechanismus
Werkstoffeigenschaften	Hohe Schlagfestigkeit, sogar bei niedrigen Temperaturen
	Gute Steifigkeit und mechanische Festigkeit
	Gute Kratzfestigkeit; niedriges spezifisches Gewicht
	Relativer Wärmeindex bis zu 80°C
	Gute Maßhaltigkeit bei hohen Temperaturen
	Z. T. flammgeschützte Typen; Leicht zu verarbeiten
	Kann Hochglanz erlangen; Leicht an Farben anzupassen
	Kostengünstig, verglichen mit anderen thermoplastischen Kunststoffen
Weitere Informationen	www.alessi.com, www.geplastics.com; www.basf.de
Anwendungsbereiche	Lego; Fahrzeugkonsolen; Türfüllungen; Fenstergitter; Gehäuse für Haushaltsgeräte

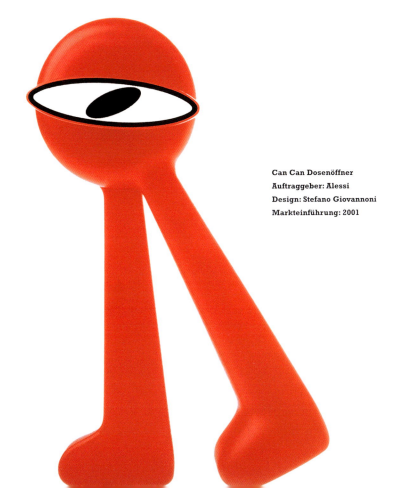

Can Can Dosenöffner
Auftraggeber: Alessi
Design: Stefano Giovannoni
Markteinführung: 2001

Vermischt

siehe auch: ABS 027, 060, 075, 077, 097, 121; Thermoplastische Kunststoffe 022, 027, 029, 072, 090, 100–101, 109, 127

Thermoplastisches Polyurethan-Elastomer (TPU)

072

Taucherflossen
FAB FORCE™
Design: Bob Evans
Markteinführung: 1999

Elastisch

Thermoplastische Elastomere (TPE) haben die Griffigkeit von Gummi und die Fähigkeiten thermoplastischer Kunststoffe. TPE ist ein Oberbegriff, der zur Beschreibung einer Familie von thermoplastischen Elastomeren benutzt wird, die auch thermoplastische Olefine (TPO) und thermoplastisches Styrol (TPS) mit einschließt. Dies sind alles technische Polymere, die Flexibilität und Belastbarkeit unter den meisten Bedingungen bieten.

Das Material ist ideal für die „dynamische" Charakteristik von Taucherflossen. FAB FORCE™ wird mit technisch unkompliziertem Werkzeug durch Gießen von Polyurethan in eine Form, die mit Stoffschichten ausgelegt ist, hergestellt. Bob Evans, der Designer und Eigentümer von FAB FORCE™, sagt: „Ich nehme an der Herstellung jeder einzelnen Form teil. Um alles umzusetzen, was ich gestalten will, mußte ich einen Weg finden, Formen vom Design und der Herstellung auszuschließen."

Werkstoffeigenschaften	Flexibel; Leicht zu färben
	Erhältlich in verschiedenen Shore-Härten
	Kann extrudiert, spritzgegossen und blasgeformt werden
	Kann durch Glasfaser verstärkt werden
	Behält seine Eigenschaften bei Niedrigtemperaturen
	Kann gefärbt werden; Wiederverwertbar
	Gute Zerreiß- und Abriebfestigkeit
	Gute Wetterbeständigkeit; Salzwasserfest
	Gute Öl- und Chemikalienbeständigkeit
Weitere Informationen	www.forcefin.com
	www.aestpe.com
	www.basf.com
Anwendungsbereiche	Fahrzeuge; Maschinenbau; Sportschuhe; Stoßdämpfer; Handwerkzeuge; Skistiefel; Schneeketten

siehe auch: TPU 086, 090, 127; Shore-Härte 090, 118, 127, 150

Polydimethylsiloxan; Silikonkautschuk (SI)

073

Für den Ofen geeignet

Mit Silikon zu arbeiten ist wie einen Rührkuchen backen. Wie man Kuchen mit subtilen Veränderungen der Zutaten variieren kann ist auch Silikon in der Lage, eine Vielzahl von Formen und Funktionen zu übernehmen. So kann man es beispielsweise durch Hinzufügen von Kohlenstoff oder Silberpartikeln so leitfähig machen wie Kupferdraht oder aber zu einem wirksamen Isolator. Einer der Hauptunterschiede zwischen Silikon und konventionellem Kautschuk ist seine Eigenschaft, hohe Temperaturen auszuhalten. Darüber hinaus ist es auch dafür geeignet, unterschiedliche Formen zu gestalten, es fühlt sich gut an und sieht sehr gut aus.

Die W2-Produkte bestehen aus einem hochdichten, wärmegehärteten Silikon. Dieses Haushaltszubehör nutzt die Eigenschaft von Silikon, in vielen Farben, Transparenzen und Härten hergestellt werden zu können. Es besitzt eine milchige Lichtdurchlässigkeit (Silikon kann auch optisch klar, fotochromatisch und fluoreszierend gefertigt werden), aber aufgrund seiner weichen, glibberigen Griffigkeit fühlt es sich auch interessant an. Jedoch ist die Verwendung von Silikon nicht nur auf die Herstellung von Haushaltszubehör begrenzt – es ist sogar hitzebeständig genug, daß Brot darin gebacken werden kann.

Abmessungen	107 x 98 x 25 mm
Werkstoffeigenschaften	Breite Palette möglicher Sorten
	Leicht zu färben; Teuer
	Kann optisch klar hergestellt werden
	Kann eine breite Skala an Temperaturen aushalten
	UV-beständig; Gute Griffigkeit
	Lebensmittelecht; Chemisch inaktiv
Weitere Informationen	www.w2products.com, www.gesilicones.com
Anwendungsbereiche	Elektrische Verkapselung; Schlauchmaterial; Hochtemperatur-"O"-Ringe; Schrumpfschläuche; chirurgische Ausrüstung; Strukturelle Klebstoffe; Baby-Sauger; Tastaturmatten; Isolierung von Hochspannungsleitungen; Ofentürverschlüsse, Backbleche

Soapy Joe
Auftraggeber: W2
Design: Jackie Piper, Vicky Whitbread
Markteinführung: 2000

auch: Silikon 084, 095

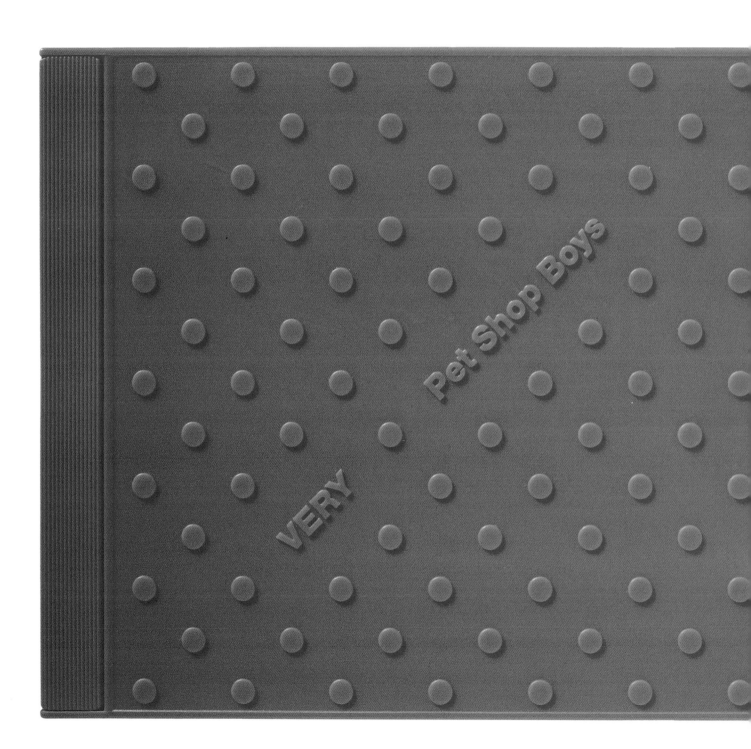

Polystyrol (PS)

075

Oberflächendesign

Als Verpackungssymbol der neunziger Jahre, aus demselben Material hergestellt wie konventionelle Schmuckkästchen, schreit dieses Produkt seinen Unterschied zu anderen CD-Hüllen durch eine Reihe von orangefarbenen Schrauben auf einer orangefarbenen Box geradezu heraus. Um zu verstehen, wie groß die Abweichung dieses Produkts ist, muß man sich nur ansehen, wie klein die Designelemente sind, die solch ein radikal verändertes Erscheinungsbild verursachen. Sogar die Anordnung der Schrauben ist dahingehend gesteuert, daß sie die Unterbringung der Saugpolster – die zum Halten der CD benötigt werden – in ihr Muster mit einbezieht.

Polystyrol ist – wie so viele andere Polymere auch – aufgrund eines Zufalls entdeckt worden. Styrol (Styren) wurde zwar bereits in der Mitte des 19. Jahrhunderts entdeckt, jedoch erst seit den dreißiger Jahren des 20. Jahrhunderts kommerziell genutzt. Es ist mit der Familie der Styrene verbunden, zu der auch ABS, SAN und SMA ASA Copolymere gehören.

Abmessungen	Standard: 143 x 125 x 10 mm	
Herstellung	Spritzgegossen	
Werkstoffeigenschaften	Hervorragende Klarheit; Gute Steifigkeit	
	Leicht zu verarbeiten; Leicht zu färben	
	Relativ niedrige Kosten verglichen mit anderen Polymeren; Gute Transparenz	
	Sehr niedrige Wasser- und Feuchtigkeitsaufnahme	
	Leicht zu formen und zu verarbeiten	
	Gute Maßhaltigkeit	
Weitere Informationen	www.dow.com/styron/index.htm	
	www.huntsman.com, www.atofina.com	
Anwendungsbereiche	Verpackungen; Spielsachen; Kleiderbügel; Haushalts- und Elektrogeräte; Modellbaukästen; Einwegbecher	

Very
Auftraggeber: Parlophone Records
Design: Daniel Weil
Markteinführung: 1993

siehe auch: Polystyrol 112, 121; ABS 027, 060, 071, 077, 097, 121

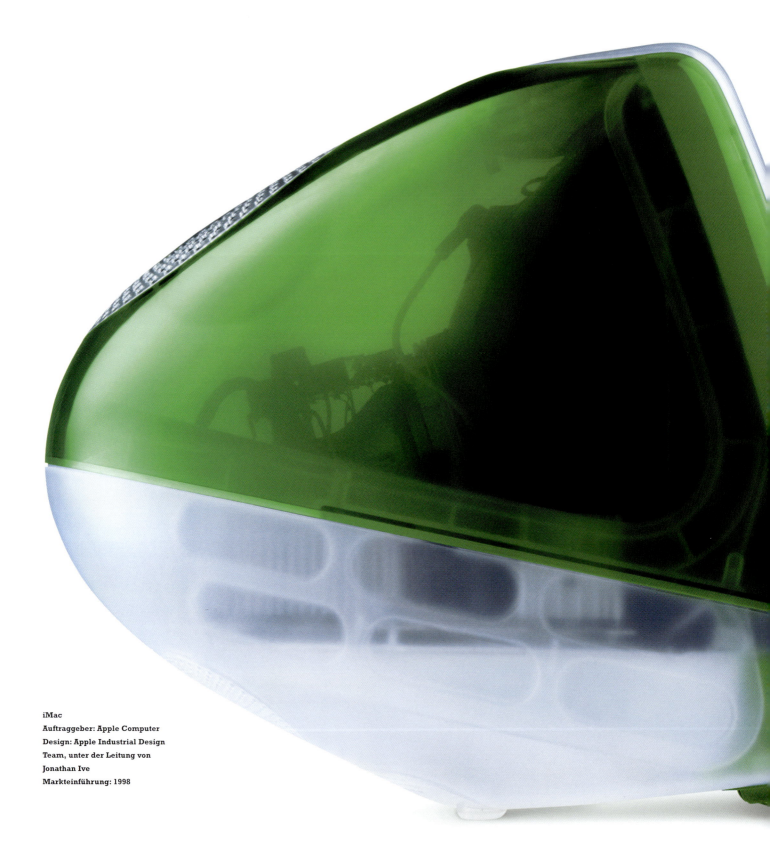

iMac
Auftraggeber: Apple Computer
Design: Apple Industrial Design
Team, unter der Leitung von
Jonathan Ive
Markteinführung: 1998

Polycarbonat (PC)
077

Dampfende Dusche

Als Reaktion auf die reizlosen, beigefarbenen ABS-Computergehäuse verlangte Apple nach einem neuen Material. Dieses sollte den Anwendern einen Einblick in die Technik „im Herzen" des Computers verschaffen, ohne jedoch zuviel des häßlichen Innenlebens zu zeigen, da es sie daran erinnern könnte, wie abhängig sie von einer Sache sind, über die sie nicht das Geringste wissen.

Das Designerteam sah sich unter vielen verschiedenen Möglichkeiten um, solche diffusen, durchscheinenden, frostigen Beschaffenheiten zu gestalten. Es wurde zum Beispiel der Effekt einer dampfenden Dusche hervorgerufen, bei der man nicht jedes Detail sehen kann. Die Auswahl an Bonbonfarben (zu diesem Aspekt wurden sogar Süßwarenhersteller zu Rate gezogen) und Oberflächenbehandlungen – wie zum Beispiel der gerippte Effekt – nutzten die Transparenz des Gehäuses – die Rippen an den Innenseiten sollen die glatte Oberfläche der Außenseite betonen. Polycarbonat bietet hervorragende Transparenz und Färbefähigkeit kombiniert mit einem hohen Härtegrad. Entwicklung und Fortschritt der Technologie im Innern hatten zur Folge, daß selbst die graphitfarbenen Modelle des iMac später transparenter gemacht werden konnten, nachdem das Innenleben verfeinert worden war.

Abmessungen	381 x 381 x 435 mm
Herstellung	Spritzgegossen
Werkstoffeigenschafen	Exzellente Farbauswahl
	Ausgezeichnete optische Klarheit
	Leicht zu verarbeiten; Hervorragende Schlagfestigkeit
	Erhältlich in transparenter, lichtdurchlässiger und undurchsichtiger Qualität
	Exzellente Maßhaltigkeit, sogar bei hohen Temperaturen
	Gute Hitzebeständigkeit bis zu 125°C
	Z. T. flammgeschützte Typen; UV-beständig
	Haltbar; Wiederverwertbar; Ungiftig
Weitere Informationen	www.apple.com, www.geplastics.com
	www.dsmep.com, www.teijinkasei.com
Anwendungsbereiche	Schutzhelme; Brillen; CDs und DVDs; Küchenbehälter; Computergehäuse; Bauverglasung; Mobiltelefongehäuse

siehe auch: ABS 027, 060, 071, 075, 097, 121; Polycarbonat 028, 097, 099

Polyurethan hoher Dichte (PU)

078

Gebrauchsanweisung:
- Füllen Sie heißes Wasser (ungefähr 90°C) in eine Schüssel oder Pfanne.
- Tauchen Sie den Griff etwa 5 Minuten in das heiße Wasser, bis er weich wird.
- Entfernen Sie den Griff – mit einer Zange oder ähnlichem – aus dem Wasser.
- Noch während er weich ist, aber bereits genug abgekühlt zum Halten, bringen Sie den Griff in die gewünschte Form, je nach Anwendungsbedarf.
- Wenn Sie mit der Form zufrieden sind, geben Sie den Griff in kaltes Wasser, um ihn auszuhärten und die neue Form zu fixieren. Solange der Griff noch weich ist, wird der metallene Kopfteil hineingedrückt (es ist kein Bindemittel erforderlich). Daher ist es auch möglich, den Kopfteil in die vom Benutzer gewünschte Form zu bringen, während das Material noch weich ist.

Warnhinweise:
- Der Kopfteil wird sehr heiß, während er sich im heißen Wasser befindet. Benutzen Sie auf jeden Fall Topflappen.
- Geben Sie das umgeformte Teil nie ins kalte Wasser, während Sie es noch in der Hand halten, denn es kann passieren, daß Sie es nicht mehr von der Hand lösen können, wenn es erst abgekühlt und ausgehärtet ist.
- Setzen Sie das Material nie direkten Flammen aus, denn es ist entzündbar und schmilzt bei hohen Temperaturen.

Will
Auftraggeber: AOYOSHI Co. Ltd.
Design: Hiroshi Egawa
Markteinführung: 1991

Warm it up

Abmessungen	Große Gabel: 242 x 40 mm; Grifflänge: 143 mm
Herstellung	Spritzgegossen
Werkstoffeigenschaften	Große Auswahl an Formen, physikalischen und mechanischen Eigenschaften
	Hervorragende Schnittfestigkeit und langanhaltende Flexibilität
	Gute Abriebfestigkeit; Hohe Reißfestigkeit
	Gute Chemikalienbeständigkeit
	Hohe Elastizität; Leicht zu färben
Weitere Informationen	www.diaplex.co.jp (nur in Japanisch)
	www.mediagalaxy.co.jp/aoyoshi/index.htm
Anwendungsbereiche	Beplankung; Stoßstangen; Blasen; Benzinleitungen; Verpackungsmaterial; Karosserieteile

siehe auch: Polyurethan 019, 022, 026, 030, 039, 072, 078, 085, 111, 117, 120

Polyethylenterephthalat (PET)

079

Spiegelglatt

Um acht Gallonen Bier (36,4 l) zu befördern, bräuchte man 12,2 kg Glasflaschen oder 3,6 kg Stahl. Von Polyethylenterephthalat (PET) benötigt man nur 2,3 kg. Die Verwendung von Kunststoff als Glasersatz bedeutet, daß man sein Bier an Orte mitnehmen kann, an denen Glas gewöhnlich verboten ist.

PET wird üblicherweise für die Verpackung von Nahrungsmitteln und alkoholfreien Getränken verwendet. Da jedoch Bier empfindlicher gegenüber Sauerstoff und Kohlendioxid ist, war PET hierfür bisher nicht geeignet. Insgesamt gibt es fünf Schichten in jeder Flasche: zwischen drei Lagen PET befinden sich zwei Lagen Sauerstoffreinigungsmittel, die Sauerstoffein- oder -austritt verhindern. Die Miller Brewing Company, deren erste Kunststoffflasche im Jahr 2000 eingeführt wurde, behauptet, daß diese Flasche in der Lage ist, Bier länger kühl zu halten als Aluminiumdosen und genauso lange wie Glas. Sie kann auch wieder verschlossen werden und ist unzerbrechlich.

Abmessungen	Höhe: 210 mm; Durchmesser: 70 mm
Herstellung	**Spritzblasgeformt**
Werkstoffeigenschaften	**Wiederverwertbar (PET ist eines der am häufigsten wiederverwendeten Kunstharze)**
	Hervorragende Chemikalienbeständigkeit
	Hervorragende Maßhaltigkeit
	Robust und dauerhaft; Hervorragende Oberflächengüte
	Gute Schlagfestigkeit
Weitere Informationen	**Continental PET Technologies**
	www.dsm.com/dpe
Anwendungsbereiche	**Nahrungsmittelverpackungen; Elektrische Geräte; Flaschen für alkoholfreie Getränke**

**Miller Bierflasche
Auftraggeber: Miller Brewing Company
Design: Continental PET Technologies
Markteinführung: 2000**

siehe auch: PET 118

081 Technisches

Aramidfaser

082

Stark, leicht und weich

Aramidfaser ist sowohl stark genug, die größten Navy-Schiffe festzumachen als auch Körperschutz zu bieten gegen Gewehrkugeln, weich genug für die Verwendung in Schutzhandschuhen gegen scharfes Metall und Glas und wärmebeständig genug, um als strahlensichere Abschirmung in Düsenflugzeugtriebwerken zu fungieren.

Besser bekannt als Kevlar®, ist es – wie Kohlenstoff und Glasfaser – in verschiedenen Formen erhältlich, wie zum Beispiel als Gewebe und Faserplatte, Garn, Endlosgarn und als Flocken. Diese Faser, die bei gleichem Gewichtsverhältnis fünfmal stärker ist als Stahl, wurde im Jahre 1965 von Stephanie Kwolek und Herbert Blades entwickelt, zwei Forschern bei DuPont. Der Schuh hat eine aus Kevlar® hergestellte Sohle, die ihn mit einer verbesserten Sohlensteifigkeit ausstattet, während sie jedoch gleichzeitig Schlagkräfte absorbiert, indem sie die Belastung des Körpergewichts auf die gesamte Sohle verteilt.

Werkstoffeigenschaften	Geringer Wärmeschwund
	Hervorragende Maßhaltigkeit
	Hohe Zugfestigkeit bei niedrigem Gewicht
	Niedrige Bruchdehnung
	Hohe Schneidfestigkeit; Hohe Zähigkeit
	Hohe Chemikalienbeständigkeit
	Hohe strukturelle Steifigkeit
	Niedrige elektrische Leitfähigkeit
	Flammbeständig
Weitere Informationen	www.dupont.com/kevlar/whatiskevlar.htm
	www.hexcel.com
	www.dupont.com/kevlar/europe/
	www.e-composites.com/seal.htm
	www.saati.it/seal/ita/default.htm
Anwendungsbereich	Klebstoffe und Dichtungsmittel; Verbundwerkstoffe; Körperschutz; Kugelsichere Westen

Polyoxymethylen (POM): Acetal

083

Hart und flexibel

Die Geschichte zeigt uns viele Beispiele vom Einsatz nichtmetallischer Materialien als Ersatz von Metallen. Leder, Horn, Holz und Keramik haben alle ihre wertvollen physikalischen Eigenschaften und Nutzen. Die Einführung von Kunststoffen bedeutete, daß diese Komponenten – gezielt gesteuert und geformt – Anforderungen aller Art erfüllen konnten.

Acetal ist eines der starrsten und stärksten Polymere. Seit seiner Einführung in den sechziger Jahren haben seine einzigartigen Eigenschaften die Lücke zwischen Metallen und anderen Kunststoffen geschlossen – innerhalb eines enormen Anwendungsbereichs, von Schnappverschlüssen, für die es wegen seines hohen Sprungwiderstandes benutzt wird, bis zu billigen Feuerzeugen, für deren Herstellung seine Chemikalienbeständigkeit von großer Bedeutung ist. Es ist nicht auf dieselbe Art flexibel wie manche Elastomere oder Polypropylene, sondern viel starrer und gewöhnlich nicht so schön oder so griffig.

Werkstoffeigenschaften	Hohe Steifigkeit; Natürliche Schmierung
	Hohe mechanische Festigkeit
	Hervorragender Ermüdungswiderstand
	Glanzveredelte Oberfläche
	Hoher Widerstand gegen wiederholte Schläge
	Robustheit gegenüber Niedrigtemperaturen (bis –40°C)
	Hervorragende Chemikalienbeständigkeit
	Hervorragende Maßhaltigkeit
	Gute elektrische Isoliereigenschaften
	Guter Temperaturbereich; Elastisch
Weitere Informationen	www.dupont.com/enggpolymers/europe/
	www.basf.com
Anwendungsbereiche	Verschlüsse; Duschköpfe; Hardwaregehäuse; Schnappverschlüsse; Rollschuhbremsen

siehe auch: Acetal 097; Elastomer 038, 071–072, 086, 090, 097, 127; Polypropylen 015–016, 025, 037, 045, 049, 061, 070, 106, 109

Delrin® Wäscheklammern
DuPont

Stellen Sie sich ein Material vor, das sich wie Haut anfühlt. Es atmet und dehnt sich, kann aber in eine beliebige Form mit beliebiger Stärke gegossen und geformt werden. Diese Eigenschaften wurden zuerst in der medizinischen und orthopädischen Industrie eingesetzt, wie z.B. als Polster für Krankenhauspatienten. Technogel® ist jedoch einer der Werkstoffe, die infolge von Versuchen auch in beliebteren häuslichen Bereichen Anwendung finden.

Wie Haut

Technogel® ist gleichzeitig flüssig und fest. Die Produkte werden durch Gießen der Flüssigkeit in eine Form erzeugt, was bedeutet, daß es leicht möglich ist, beim Gießprozeß auch andere Bestandteile mit einzubeziehen. RVS (Royal Vacuum System) ist ein patentiertes System, das darin besteht, durch Vakuumschmelzen verschiedene Komponenten in ein einzelnes Element einzubinden, ohne die Notwendigkeit des Heftens oder Klebens. Dieses System wird von Royal Medica für die Herstellung von Bettpolstern angewandt, wobei eine dünne Urethanfolie am Technogel® befestigt ist. Andere potentielle Deckschichten enthalten Lycra®, PVC, PU, Leder und Textilien. Aus dem Flachbogen können spezielle Formen einfach ausgestanzt oder ausgeschnitten werden. Sein Hauptvorteil gegenüber ähnlichen Gels auf Wasser- oder Silikonbasis ist, daß es keine Weichmacher enthält. Dies bedeutet, daß es seine Grundeigenschaften auch mit der Zeit nicht verliert. Es ist das einzige Gel, das weder bricht noch aushärtet oder altert.

Abmessungen	1 x 0,5 m Bogen verschiedener Stärken
Werkstoffeigenschaften	**Gute Druckverteilung**
	Atmungsaktiv (gute Wasseraufnahme und -freisetzung)
	Gute Wiederherstellungsfähigkeit des Ausgangszustands
	Leicht mit Dekorationsmaterial zu kombinieren
	Hohe Stoßdämpfung; Reine Kraftaufnahme
	Justierbare Shore-Härte
	Hohe Elastizität; Farbechtheit
	Kann geleimt werden; Nicht hautirritierend
	Kann spritzgegossen werden
Weitere Informationen	www.royalmedica.com
	www.selleroyal.com
Anwendungsbereiche	**Fahrradsättel; Orthopädische Polster;**
	Schuheinlagen; Bürostühle; Tennisschlägergriffe

Polyurethan (PU)
085

Technogel®
Auftraggeber: Selle Royal

siehe auch: **PVC** 024, 035, 038–039, 047, 050–051, 058–059, 063, 065, 092, 122–123

Thermoplastisches Elastomer (TPE)

086

James Türstopper
Auftraggeber: Klein & More
Design: Winfried Scheuer
Markteinführung: 1996

Spülmaschinenfest

Als Winfried Scheuer begann, den James zu kreieren, sollte er ein weiches Objekt entwerfen, das die Tür nicht beschädigt. Die Verwendung des Werkstoffs TPE bot auch eine gute Auswahl an Farbmöglichkeiten verglichen mit der naheliegendsten Wahl, Kautschuk zu benutzen.

Weil das Produkt aus einem spritzgegossenen, festen Material besteht, mußte die Dicke am starken Ende des Keils gesteuert werden, um die Bildung von Senkspuren zu verhindern. So etwas kommt vor, wenn der Kunststoff im Innern viel langsamer abkühlt als an der Oberfläche. Der James ist das Ergebnis einer Ideenauswahl, die sich nach der simplen Nicht-Technik der alltäglichen Haushaltsbelange richtete, die vorher einfach ignoriert worden war. Er ist in fünf Farben lieferbar, und wenn er schmuddelig wird, kann man ihn in die Spülmaschine stecken. Eine ziemlich harte, aber trotzdem noch flexible Beschaffenheit des TPE gibt dem James eine sehr griffige Qualität.

Abmessungen	180 x 50 mm
Herstellung	Spritzgegossen
Werkstoffeigenschaften	Überlegene dynamische Kräfte
	Gute Schnitt- und Reißfestigkeit bei hohen Temperaturen
	Hervorragende Öl-, Benzin- und Lösemittelbeständigkeit
	Hervorragende Biegeermüdungsbeständigkeit
	Weicher und flexibler Werkstoff
	Hohe Federung
	Gute Auswahl an Herstellungstechniken
	Mannigfaltige Farbauswahl
Weitere Informationen	www.glscorporation.com
	www.aestpe.com
Anwendungsbereiche	Handgriffe; medizinische Produkte; „O-Ringe";
	Rohrleitungen; Hochsee-Verkabelung;
	Stoßdämpfer; Sportschuhe;
	Seitenschweller für Autos; Skistiefel

siehe auch: TPE 072, 090, 127

Verbundwerkstoffe
087

Light Light
Design: Takeshi Ishiguro
Markteinführung: 1994

Hi-Tech

Abmessungen	90 x 90 cm
Herstellung	Montiert aus Kohlefaserschläuchen und Stangen
Werkstoffeigenschaften	Ausgeprägte Oberflächengüte
	Sehr gutes Festigkeits-Masse-Verhältnis
	Leicht individuell anzupassen; Auswahl an Formen
	In einer breiten Farbauswahl erhältlich
	Gute Chemikalienbeständigkeit
	Korrosionsbeständig; extrem dauerhaft
	Neutral gegenüber aggressiven Umgebungsbedingungen
	Guter Temperaturbereich
Weitere Informationen	www.globalcomposites.com
	www.hexcel.com, www.carb.com
	www.composites.com
Anwendungsbereiche	Schiffe; Kraftfahrzeuge; Sportausstattungen;
	Bauwesen; Aeronautische Bauteile;
	Eisenbahntransport; Architektur; Spielzeug

Light Light verwendet Verbundwerkstoffe, um eine federleichte Struktur zu schaffen. Die Verbundwerkstoffe bestehen aus zwei Materialien – ein auf Fasern basierender Werkstoff und ein Harz. In den meisten modernen Verbundwerkstoffen bestehen die Harze gewöhnlich aus Polyester oder Epoxid. Die Fasern können Glas-, Kohle-, Aramid-, Polyethylenfasern oder sogar Naturfasern sein. Weil traditionelle Werkstoffe kein ausreichend hohes Festigkeits-Masse-Verhältnis bieten konnten, hat die Luft- und Raumfahrtindustrie mit dem Gebrauch moderner Verbundwerkstoffe Pionierarbeit geleistet.

Prepregs sind endlose, mit Harz vorimprägnierte Faserplatten. Die Fasern sind entweder alle in einer Richtung angeordnet, bekannt als unidirektional (DU) oder als Gewebe mit Fasern, die in verschiedene Richtungen laufen. Sie werden üblicherweise für High-Tech-Fahrzeug- oder Luftfahrt-Karosserieteile verwendet und können durch Registerwalzen, Drucksack- oder Vakuumsackverfahren und Formpressen verarbeitet werden. Der bekannteste Verarbeitungsprozeß ist das Einbetten der Fasern in spezielle härtbare Harze. Die Teile des Produkts, welche die größte Stärke erfordern, werden mit dickeren Faserlagen versehen.

siehe auch: Glasfaser 027, 072, 082, 091, 109, 127; Aramid-Faser 082, 101; Kohlefaser 030, 082

Polymethylmethacrylat (PMMA)

088

Licht-Tische

Die Vorstellung von einer Flachfolie aus Kunststoff, die einen gleichmäßigen Lichtschein reflektieren kann, bietet ungeahnte Möglichkeiten. Aus dem Material wird ein Licht, bevor man noch irgendeine bestimmte Gestalt daraus geformt hat. Es ist ein Lichtbogen, der nur darauf wartet, geformt zu werden.

Prismex™ ist der Markenname, den Ineos einer Acryltafel gab, die als Besonderheit eine patentierte, siebgedruckte Punktmatrix auf ihrer Oberfläche aufweist. Dadurch kann das Licht quer über die gesamte Platte reflektiert werden zu einer brillanten, gleichmäßigen Beleuchtung, ohne den Band-Effekt von Leuchtreklameschildern. Diese Beleuchtungstechnik steht bei beiden Objekten, Prismex™ Table und Blow Prismex™ Pouffe, im Mittelpunkt. Bobo Designs haben als erste die einzigartigen Eigenschaften der Prismex™ Acryl-Platten bei der Kreation zeitgenössischer Möbel instrumentalisiert.

Sie experimentierten mit seiner Fähigkeit, eine gleichmäßige, kühle und dünne Schicht leuchtenden Lichts über sowohl flache als auch warmgeformte Oberflächen zu legen, das einen fast magischen weißen Schein erzeugt. Ebenso wie Perspex im Airwave-Tisch ist auch die in den Produkten enthaltene Prismex™-Folie vollständig wiederverwertbar.

Abmessungen	1800 x 1000 x 720 mm
Herstellung	Gegossene Acrylplatte
Werkstoffeigenschaften	Hoher Energiewirkungsgrad
	Hoher Schmelzpunkt
	Einfache und vielseitige Fertigung und Veredlung
	Geringe Kosten für Werkzeugausrüstung
	Überragende Oberflächenhärte und Strapazierfähigkeit
	Hohes Druckhaftvermögen
	Vollständig wiederverwertbar
Weitere Informationen	www.ineosacrylics.com, www.perspex.co.uk
	www.bobodesign.co.uk, www.lucite.com
Anwendungsbereiche	Schaufensterdekoration; Verkaufsstellen; Innenräume; Möbel; Beleuchtung; Beschilderung

Airwave
Bobo Designs
Design: Tanya Dean, Nick Gant
Markteinführung: 1999

siehe auch: Bobo 041, 063; Acryl 031, 040–041, 055

Thermoplastisches Elastomer (TPE)

090

Mutation von Kunststoff und Kautschuk

Werkstoffeigenschaften	Außergewöhnliche Härte und Belastbarkeit
	Hohe Kriechfestigkeit, Schlagfestigkeit und Biegeermüdungsbeständigkeit
	Hohe Flexibilität bei Niedrigtemperaturen
	Behält seine Eigenschaften bei Hochtemperaturen bei
	Hohe Beständigkeit gegenüber industriellen Chemikalien, Ölen und Lösungsmitteln
	Gutes Verarbeitungspotential
	Gute mechanische Festigkeit
	Hervorragende Rückgewinnungseigenschaften
Weitere Informationen	www.dupont.com/enggpolymers/products/hytrel
	www.basf.com
Anwendungsbereiche	Federn; Scharniere/Gelenke; Stoß- und schalldämpfende Bauteile; Skistiefel; Textilien; Möbel; Technische Bauteile; Tastaturen

Hytrel® ist ein Markenname für die Kollektion von technischen thermoplastischen Elastomeren von DuPont. Es bietet die Flexibilität von Kautschuk, die Stärke von Kunststoffen und die Verarbeitungsmöglichkeiten von Thermoplasten. Es wird für Anwendungen genutzt, bei denen mechanische Festigkeit und Dauerhaftigkeit in einem flexiblen Bestandteil gefragt sind. Hytrel® ist ideal für Teile, die eine hervorragende Schwingfestigkeit bei Biegebeanspruchung und die Fähigkeit erfordern, einem breiten Temperaturbereich von −40°C bis +110°C standzuhalten. Es besitzt eine hohe Reißfestigkeit, hohen Widerstand gegen Biegeschnittwachstum, Kriech- und Verschleißfestigkeit.

Hytrel® ist in zahlreichen Sorten − bekannt als Shore-Härten D − erhältlich. Diese variieren von Shore-Härte D 72, die ziemlich starr, aber dennoch flexibel ist, bis zu Shore-Härte D 35, die sich anfühlt wie ein Stück Kautschuk. Miteingebunden in diese Spezialsorten sind auch solche, die wärmebeständig, flammfest und blasgeformt sind. Wie bei vielen anderen Polymeren ist das Rohmaterial als Granulat erhältlich, das zu Endprodukten eingeschmolzen wird.

Polyamid (PA); Nylon 6.6

091

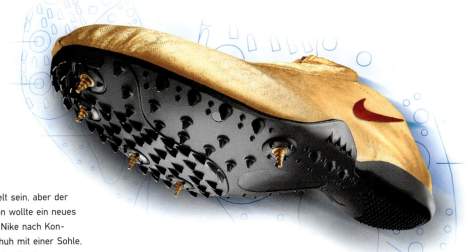

Es muß der teuerste Schuh der Welt sein, aber der Kurzstreckenläufer Michael Johnson wollte ein neues Paar Laufschuhe, und so fragte er Nike nach Konzepten. Die Lösung war ein Laufschuh mit einer Sohle, deren Gewicht nach Fertigstellung des Designs nur federleichte 30 Gramm betrug.

Der Schuh ist mit Zytel® gefertigt, einem Nylon-Polymer von DuPont, und er illustriert das Beispiel einer Mischung von Werkstoffen und der daraus resultierenden gemeinschaftlichen Erfüllung einer speziellen Funktion. Hauptmaterial ist Nylon, das mit 13 Prozent Glasfaser verstärkt wurde, um dem Schuh noch mehr Dauerhaftigkeit zu geben, als er ohnehin schon hat. Kombiniert mit einem Elastomer, verleiht es dem Material Flexibilität und Bruchfestigkeit.

Nylon ist ein Werkstoff von DuPont, der vor etwa 70 Jahren erfunden wurde. Der Name, der der Familie von formbaren Nylonharzen gegeben wurde, ist Zytel®, mit hervorgehobener Stellung wegen der riesigen Auswahl an Anwendungsmöglichkeiten innerhalb der Textilindustrie. Nylonharze werden meist als Nylon 6 oder Nylon 6.6 bezeichnet. Die Nummern basieren auf der Anzahl an Kohlenstoffatomen in seinem Monomer.

Werkstoffeigenschaften	Hohe Zugfestigkeit
	Hervorragende Ermüdungsbeständigkeit
	Hervorragendes Fließvermögen
	Leistung kann durch Fasern verbessert werden
	Hält wiederholter Schlageinwirkung stand
	Niedriger Reibungskoeffizient
	Schnelle Formabläufe
	Abriebfest und beständig gegenüber den meisten Chemikalien
	Elektrische Isoliereigenschaften
Weitere Informationen	www.dupont.com/enggpolymers/europe/news
Anwendungsbereiche	Fahrzeuge; Funkpeilung; Nocken; Getriebe; Elektrogeräte; Gewerbe- und Konsumgüter

Federleicht

siehe auch: Polyamid 016, 018, 069, 093; Nylon 034, 067, 093, 098, 100, 118; Glasfaser 027, 072, 082, 087, 109, 127; Elastomer 038, 071–072, 083, 086, 090, 097

Lichtgarn

Abmessungen	Durchmesser 80 x 50 cm und 45 x 20 cm
Herstellung	Nylongarn und aufblasbares PVC mit kompakter Leuchtstofflampe
Werkstoffeigenschaften	Hervorragende Verschleißfestigkeit
	Hohe Zugfestigkeit; Hervorragendes Fließvermögen
	Hervorragende Ermüdungsbeständigkeit
	Elektrische Isoliereigenschaften
	Hält wiederholter Schlageinwirkung stand
	Geringer Reibungskoeffizient
	Schnelle Formzyklen
	Verschleißfest und resistent gegenüber den meisten Chemikalien
Weitere Informationen	www.via.asso.fr
Anwendungsbereiche	Tennisballhüllen; Polstermöbel; Militärkleidung; Schleifpapier; Angelschnur; Fallschirme; Flugzeugreifenverstärkung; Strümpfe; Teppiche

Die Arbeit des französischen Designers François Azambourg wird von seinem Interesse gelenkt, übliche Verfahren und Werkstoffe in Frage zu stellen und zu reevaluieren, was man an seinem umgekehrten hölzernen Lampenschirm erkennen kann, wo Holz dazu benutzt wird, das Licht zu streuen, und an seinem selbstmontierbaren Stuhl. Das Wesen dieser Designerleuchte ist die Verwendung eines ganzen Waldes an gefärbten Nylonfäden, aufgehängt in einer aufblasbaren Struktur, wodurch ein diffuses Licht erzeugt wird. Das Design beschäftigt sich weniger mit dem Entwurf einer Beleuchtungsform als vielmehr mit dem Herstellungsverfahren.

Das Nylongarn wurde vom Textilhersteller Tissavel zur Verfügung gestellt und wird normalerweise in der Luft- und Raumfahrt verwendet. Bei der Lampe handelt es sich um eine Übertragung verschiedener Technologien, wobei ein Industriegarn in einer Haushaltslampe für eine strukturelle Funktion benutzt wird. Die Originalität dieser Lampe entsteht durch die ungewöhnliche Nutzung des Werkstoffs und dem daraus resultierenden weichen Licht.

Polyamidgarn (PA): Nylon 6.6

093

3D Textile
Design: François Azambourg
Markteinführung: 2000

↑ siehe auch: Polyamid 016, 018, 069, 091; Azambourg 019; Nylon 034, 067, 091, 098, 100, 118

Elektrolumineszente Folie

094

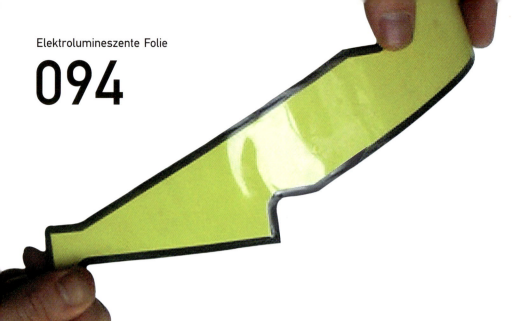

Der Gebrauch von Polymeren als Leuchtmittel ist nicht neu. Die Technik der EL-Folie gibt es seit den 70er Jahren. Aber ein Stück Kunststoffolie, weniger als 2 mm stark, das leuchtet, wenn man es an einer Batterie befestigt, ruft immer noch einen science-fiction-artigen Aha-Effekt hervor und birgt ein riesiges, noch unausgeschöpftes Potential. Wie bei vielen neuen Ideen war dieses Design nicht der Auftrag eines Herstellers, sondern ein selbstinitiiertes Projekt, inspiriert von der Erfahrung eines Anwenders, der gleichzeitig auch Designer ist.

Den Anfang bildete eine neue Fahrradrahmen-Geometrie, wobei das Produkt ein bereits existierendes Material verwendet, das einen 360°-Winkel abdeckt, im Gegensatz zu konventionellen Leuchten, bei denen das Licht nur in eine Richtung strahlt. Die Rundumform einer Toilettenpapierrolle inspirierte zu dieser originellen Gestalt. Das Licht wird von einer 9-Volt-Batterie erzeugt, die mit einer Antriebseinheit verbunden ist, um die Spannung in 110-Volt-Wechselstrom umzuwandeln. Dies ist notwendig, um die Folie zum Leuchten zu bringen. Batterie und Antriebseinheit sind beide unter dem Fahrradsitz untergebracht. Die Folie selbst ist auf einer dünnen Neoprenplatte befestigt, die als Polsterung und Halt für die Folie fungiert. Der Schein dieser dünnen Folie sorgt für gute Beleuchtung und ermöglicht einen Dauerbetrieb von 180 bis 200 Stunden.

C360 Security Light (Fahrradbeleuchtung)
Auftraggeber: Selbstinitiiertes Projekt
Design: Marc Greene
Markteinführung: wird noch bekanntgegeben

Abmessungen	Stärke: 3,5 mm (inklusive Neoprenträger)
	Gewicht: 7g (ohne Batterie)
Herstellung	Gestanzte EL-Folie
Werkstoffeigenschaften	Einzigartig dünne Anzeigen
	Wird wahrscheinlich extrem kostengünstig
	Vielseitige Verwendung; Klares Erscheinungsbild
	Wasserfest; Flexibel
	Kann transparent gemacht werden
	Hervorragende Farbauswahl
Weitere Informationen	www.opsys.co.uk
	www.uniax.com/165-0021.htm
Anwendungsbereiche	Armbänder; Westen; Fahrradhelme; Mobile Telefone; Videotelefone und Palm-top-Computer; Möbel; Verzierungen; Werbung; Smart Cards; Beleuchtung

Keine Science-Fiction

Polymer auf Silikonbasis

095

Silly Putty™
Erfinder: James Wright
Markteinführung: 1950

Werkstoffeigenschaften	**Verflacht sich schrittweise je nach Schwerkraft**
	Prallt wieder bis zu 80% der Höhe hoch, aus der es geworfen wurde
	Eine dilatante Mischung, d. h., es wirkt wie ein Feststoff und behält seine Form bei, wenn es schnellem Druck ausgesetzt wird; wenn allerdings langsamer Druck ausgeübt wird, verhält es sich wie eine Flüssigkeit und verformt sich ganz leicht
	Durch Kühlen wird seine Sprungkraft extrem gesteigert
	In Form eines Schiffes treibt es auf dem Wasser
	Wenn es wie ein Ball geformt ist, sinkt es
	Ungiftig und nicht hautirritierend; Hochelastisch
Hersteller	**Binney & Smith (seit 1977)**
Weitere Informationen	**www.sillyputty.com**
Anwendungsbereiche	**Gegenwärtig keine anderen Anwendungen**

1943 mixte ein schottischer Ingenieur namens James Wright, der für General Electric in Connecticut arbeitete, in seinem Labor Substanzen in Reagenzgläsern. Zufällig vermischte er auch Borsäure und Silikonfluid, und diese Mischung wurde „polymerisiert". Wright extrahierte dieses zähflüssige Gebräu aus dem Reagenzglas und warf dabei etwas davon zu Boden. Zu seinem Erstaunen sprang es wieder hoch – und so war Bouncy Putty geboren.

Entschlossen, eine praktische Verwendung für seine Kreation zu finden, aber ohne Erfolg, wurde 1950 bei der „International Toy Fair" in New York schließlich Silly Putty eingeführt. Nach langem Hin und Her entschlossen sich ein paar der größeren Spielzeugvertriebe, Silly Putty zu übernehmen – und der Rest ist Geschichte. Fünfzig Jahre später ist aus Silly Putty ein klassisches amerikanisches Spielzeug geworden. Mittlerweile ist auch „Glow-in-the-Dark-Putty" (leuchtet im Dunkeln) und „Heat-sensitive-Putty" (hitzeempfindlich) erhältlich. Über 300 Millionen Putty-Eier sind seit 1950 verkauft worden.

Elastisch federnd

Acrylnitril-Butadien-Styrol (ABS)

097

Attila Dosenpresse
Auftraggeber: Rexite Spa
Design: Julian Brown
Markteinführung: 1996

Nicht nur ein technisches, sondern auch ein wunderschönes Produkt. Um die Wahl eines teureren Werkstoffs – wie zum Beispiel Polycarbonat und Acetal – zu vermeiden, nutzt dieses Produkt seine eigene Form und Struktur, um diese Herkulesarbeit auszuführen. Um zu ermöglichen, daß 600 Newton eine Aluminium- oder Stahldose zu 22 mm Höhe zusammenquetschen können, benötigt man ABS in einer Reihe von intelligenten Geweben und Trägern.

Der Original-Prototyp war aus MDF hergestellt, um den Mechanismus zu testen. Danach wurde ein Attila-Prototyp aus einem festen Block Delrin® gefertigt, einem sehr starren Werkstoff, der beweisen konnte, daß ein Polymer wirklich in der Lage ist, solch eine Funktion unter den gegebenen Umständen auszuführen. Es hat tatsächlich bestätigt, daß Acetal sogar zu stark ist. Dies führte zu der Wahl von ABS als Material für das Endprodukt.

Attila reagiert auf die Umweltprobleme, die der unmäßige Konsum und sein größtes Symbol – die Getränkedose – mit sich bringen. Das Design bringt die Produkte von der Garage herein in die Küche. Dafür war es wichtig – was Material und Ästhetik betraf –, daß Attila die technischen Anforderungen, die damit verbunden waren, in einer Gestalt darstellte, welche die Leute gerne in ihren Häusern sehen würden.

Abmessungen	385 x 120 mm
Herstellung	Spritzgegossener ABS-Körper; Polycarbonat-Clip und -Ring; Boden aus Elastomeren
Werkstoffeigenschaften	Hohe Schlagfestigkeit, sogar bei Niedrigtemperaturen
	Gute Kratzfestigkeit; Flammbeständig
	Gute Steifigkeit und mechanische Festigkeit
	Niedriges spezifisches Gewicht
	Leicht zu verarbeiten
	Relativer Wärmeindex bis zu 80°C
	Gute Maßhaltigkeit bei hohen Temperaturen
Weitere Informationen	www.rexite.it, www.geplastics.com
	www.basf.de/plasticsportal, www.dow.com
Anwendungsbereiche	Spielzeug; Fahrzeugkonsolen; Türtäfelungen; Außenfenstergitter; Gehäuse für Haushaltsgeräte; Medizinische Geräte; Geschäftsausstattungen; Telefongehäuse; Bau- und Anlagenprodukte

Brutal effektiv

siehe auch: Polycarbonat 028, 077, 099; Acetal 083; ABS 027, 060, 071, 075, 077, 121

Nylon; Polyestergarn

098

Maschinenwaschbar

Herstellung	Serienmäßig gewebtes Garn mit elektrisch leitfähiger Beschichtung
Werkstoffeigenschaften	Geeignet für Vermittlungstechnik und Sensorik
	Ist in der Lage, X-Y-Positionierungen aufzuspüren
	Kann in Kleidungsstücke hineingestickt und -gewebt werden
	Feste Schaltschemen sind nicht erforderlich
	Kann gewaschen werden
	Nachgiebig und flexibel
Weitere Informationen	www.elektex.com
Anwendungsbereiche	Mobiler Kommunikationsbereich; Textschnittstellen; Spielzeug; Autoteile; Gesundheitspflege; Sport- und Freizeitbekleidung

Wir sind nicht länger auf starre oder halbstarre Werkstoffe für die Herstellung unserer elektronischen Produkte angewiesen. ElekTex™ ist ein leitfähiges, intelligentes Gewebe, das auf Berührung reagiert und in der Lage ist, Daten zu verarbeiten. Elektro Textiles ist eine in Großbritannien ansässige Firma, die 1998 gegründet wurde, um diese Technologie zu entwickeln und sie in festgelegten Marktsektoren zu lizensieren. Der Werkstoff bietet eine weiche, flexible, leichte Oberfläche, was vorher nur bei starren Materialien möglich war.

Produkte, die unter Verwendung der ElekTex™-Technologie hergestellt wurden, verhalten sich wie herkömmliche Textilien, da sie gewaschen und getragen werden können. Die Gewebe bestehen aus Standard-Nylon oder Polyester mit einer Beschichtung, die elektrisch leitfähig ist. Das Potential für Zukunftsprodukte, die zum Tragen der Elektronik nicht auf eine starre Konsole angewiesen sind, ist enorm. Die Möglichkeit, tragbare Technologie zu entwerfen, bei der Kommunikationsbauteile in die Kleidung miteingebaut sind, beginnt die Grenzen der Technologien zu verwischen. Technologie wird nicht länger als separate Einheit gesehen, die in einem Kunststoffkasten steckt, sondern als fester Bestandteil unseres Umfelds. Gegenwärtige Produkte erstrecken sich von Autositzen, die die Lastverteilung optimieren sollen, bis hin zu weichen Telefonen und versenkbaren Tastaturen.

IDEO Conference Phone
Auftraggeber: ElekTex™
Markteinführung: wird noc[h] bekanntgegeben

siehe auch: Nylon 034, 067, 091, 093, 100, 118

Polycarbonat (PC)

099

Um jeden Irrtum auszuschließen – Polycarbonat ist der „harte Mann" unter den Kunststoffen. Es bietet – wie nur wenige andere – höchste Schlagfestigkeit. Es ist um ein Vielfaches stärker als Glas, aus diesem Grund wird es in der Glasindustrie überaus häufig verwendet. Dennoch, wie jeder „harte Mann" hat es seine Schwächen. Es gibt bestimmte Zusammenhänge von Umwelt, Temperatur und äußerer Beanspruchung, die es nachteilig beeinflussen können. Wenn es von bestimmten organischen Chemikalien angegriffen wird, besteht die Gefahr, daß es reißt.

Wenn man diese Tatsache berücksichtigt, kann man den Ruf des Materials durch die Verwendung diverser Zusatzstoffe noch stärken. Polycarbonat ist in vielen Sorten erhältlich, wie zum Beispiel UV-stabil, mit hohem Fließvermögen, glasverstärkt, flammbeständig, wasserfest, schlüpfrig, mit hoher optischer Klarheit und verschleißfest. Abhängig von der angewandten Herstellungsmethode – spritzgegossen, extrudiert, blasgeformt oder geschäumt – hat Polycarbonat verschiedene Eigenschaften, wobei die unterschiedlichen Verfahren auch verschiedene Qualitäten erfordern. Kartell hat diesen Kunststoff für eine Reihe von Haushaltsprodukten verwendet, bei denen die Eigenschaft der Dauerhaftigkeit den entscheidenden Faktor darstellte.

Stuhl La Mairie
Auftraggeber: Kartell
Design: Philippe Starck
Markteinführung: 1999

Robust und klar

Abmessungen	50 x 87,5 x 52,5 cm
Herstellung	Spritzgegossenes Polycarbonat
Werkstoffeigenschaften	Außergewöhnliche Schlagfestigkeit
	Exzellente optische Klarheit; Flammbeständig
	Hervorragende Maßhaltigkeit, sogar bei hohen Temperaturen
	Dauerhaft; Ungiftig
	Exzellente Auswahl an Farben; Leicht zu verarbeiten
	Gute Hitzebeständigkeit bis zu 125°C; UV-stabil
	Transparent, lichtdurchlässig und -undurchlässig erhältlich
	Wiederverwertbar (nach der Herstellung und nach dem Gebrauch)
Weitere Informationen	www.exatec.de, www.dsmep.com
Anwendungsbereiche	Schutzhelme; Brillen; Bauverglasung; CDs und DVDs; Küchenbehälter; Verpackungen; Computergehäuse; Fahrzeuge; Gehäuse für Mobiltelefone; Visiere

siehe auch: Polycarbonat 028, 077, 097; Kartell 024–025, 028–030, 066

Rolatube™ ist eine in Großbritannien ansässige Firma, die einen bistabilen Verbundpackstoff entwickelt und patentiert hat, der sich vom flachen, spiralförmig aufgerollten Bandstreifen röhrenförmig umwandelt, wenn man ihn von der Spule abrollt. Im Gegensatz zu einem Metallmaßband, bei dem es die Aufgabe des Gehäuses ist, die innewohnende Spannung zu halten, benötigt die Rolatube™-Technologie keine äußere Kraft, um es in der einen oder anderen Position zu halten – genau darin besteht der Bezug zur Bistabilität. Das Material besteht aus Glas-, Aramid- oder Kohlefaser in einer thermoplastischen Grundmasse, wie zum Beispiel Polypropylen oder Nylon. Die Wahl des Polymers wird vom Endprodukt vorgeschrieben – normalerweise von Temperaturbedingungen und Chemikalienbeständigkeit – und hat keinen Einfluß auf die Biegefähigkeit des Produkts. Falls erforderlich, kann dem Polymer Farbe zugefügt werden. Typischerweise sind die geformten Teile Röhren, die offen sein können, einander überlappen oder derart geschaffen, daß sie weniger eingeschlossen sind. Diese Formen können tausendfach auf- und abgerollt werden, ohne in ihrer Funktion nachzulassen.

Gegenwärtig nutzt Rolatube™ drei Anwendungsverfahren für diese Technologie, aber die Forschung sucht laufend nach Möglichkeiten, wie man diese für weitere Verbraucherprodukte im häuslichen Bereich verwenden könnte.

Thermoplastischer Verbundwerkstoff

101

Flach bis dreidimensional

Abmessungen	Röhrendurchmesser 2–140 mm
Herstellung	Beschichtete Struktur, geformt unter Verwendung von Wärme und Druck
Werkstoffeigenschaften	Stabile Struktur; Tragbar
	Hohe Lebensdauer
	Hohes Festigkeits-Masse-Verhältnis
	Bistabilität; Leicht zu lagern; Leichter Zugriff
	Kostengünstig in Lagerung und Transport
Weitere Informationen	www.rolatube.com
Anwendungsbereiche	Vorläufige kommunikationstechnische Masten oder Streben, die häufig ein- und ausgerollt werden können; Dauerhaft installierte Konstruktionen wie Rohre, die notfalls leicht zu transportieren und zu lagern sind; Maschinen zum Einsatz von Kameras; Ausrüstung für Operationen in abgelegenen, gefährlichen Gebieten

siehe auch: Verbundwerkstoff 030, 055, 082, 087, 108–109, 116; Glasfaser 027, 072, 082, 087, 091, 109, 127; Aramidfaser 082, 087; Kohlefaser 030, 082, 087; Nylon 034, 067, 091, 093, 098, 118

103 Wiederverwertetes

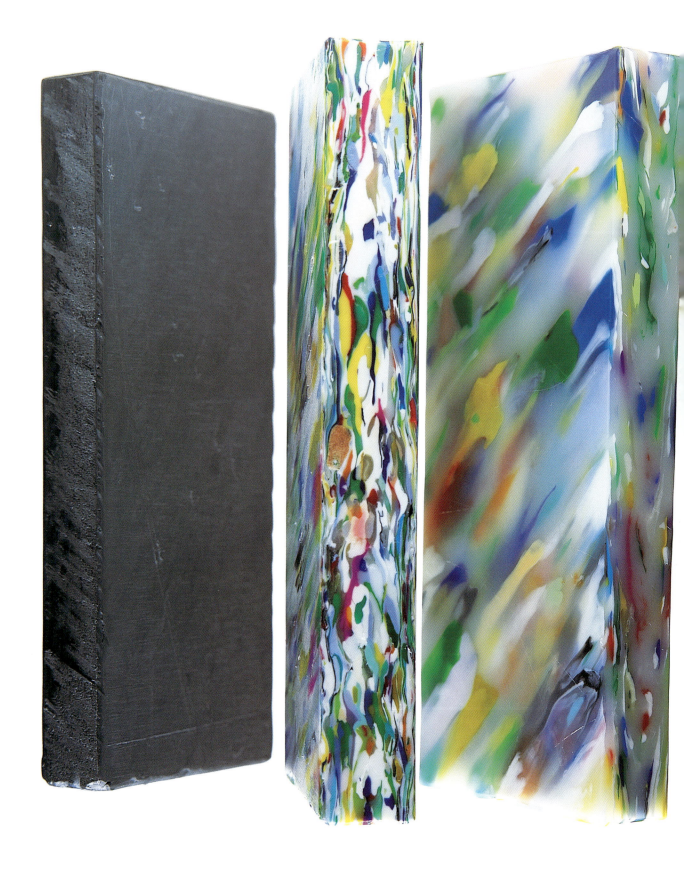

Wiederverwertetes Polyethylen hoher Dichte (HDPE)

105

Abmessungen	2 x 1 m; diverse Stärken
Herstellung	Gefertigt aus Verbrauchsrückständen
Werkstoffeigenschaften	Ausgeprägtes visuelles Erscheinungsbild
	Leicht zu verarbeiten
	Keine Investitionen in Werkzeugausrüstung
	Wiederverwertet
	Erhältlich in einer breiten Auswahl an Stärken
Weitere Informationen	Smile@aol.com
Anwendungsbereiche	Möbel; Innenausstattung; Arbeitsflächen

Auftraggeber: Smile Plastics
Design: Colin Willamson
Markteinführung: 1995

Müll!

Das wachsende Bewußtsein für Abfallbeseitigung hat viele innovative Wege hervorgebracht, Abfall zu neuen Produkten und Werkstoffen aufzubereiten. Ein Großteil unseres Mülls ist Verpackungsmüll. Nach Gebrauch wird er in die Mülltonne geworfen und zu teuren Mülldeponien oder Müllverbrennungsanlagen transportiert.

Smile Plastics ist eine von vielen Firmen weltweit, die sich der Findung und Entwicklung innovativer Ideen und Märkte für wiederaufbereitete Materialien verschrieben haben und sich darauf konzentrieren, Kunststoffe in vielfarbige Bogen umzuwandeln. Was diese Bogen von anderen durch Recycling hergestellten Produkten unterscheidet, sind die Schichten von weggeworfenen Shampoo-Flaschen, Gummistiefeln und Joghurtbechern, die in der Oberfläche erkennbar sind. Dieses Verfahren produziert Bogen aus Kunststoff, die im Gegensatz zu anderen Kunststoffbogen nicht alle identisch sind. Der ursprüngliche Müll wird gesammelt, sortiert, geflockt und gründlich gewaschen, um jegliche verbleibenden Kontaminationsstoffe zu entfernen. Wenn die Teilchen aussehen wie vielfarbige Cornflakes, werden sie mittels Hitze und Druck zu Platten komprimiert, wobei die Farben der Originalflaschen erhalten bleiben. Diese Platten können – unter Verwendung konventioneller Werkstatt-Werkzeuge – gesägt, gebohrt, gefräst und gehobelt werden. Für die Oberfläche ist keine spezielle Behandlung erforderlich, noch nicht einmal eine Versiegelung. Jedes Produkt hat eine einzigartige fühlbare Griffigkeit, von wächsern bis gummiartig.

siehe auch: Polyethylen 014–016, 034, 038, 053, 107, 113, 116, 125

Kein Rückstand

Zutaten:
- Polyethylenharz
- eine Prise Zusatzstoffe
- ein Extruder
- organische Abfälle aus Küche oder Garten

Und so geht´s:
Man nimmt einen großen Behälter und mixt das Polyethylenharz und eine geringe Menge der Zusatzstoffe. Danach gibt man dieses Gemisch in den Folien-Extruder und läßt ihn so viele Tüten herauspressen, wie man voraussichtlich für den Abfall aus Küche und Garten brauchen wird. Dann trennt man die Tüten und füllt sie mit den Gartenabfällen. Als nächstes gibt man die gefüllten Taschen in einen kommerziellen Komposter (Windrow-System). Nach etwa drei Monaten sind die Tüten verschwunden (abgesehen von kleinen Mengen von Kohlendioxid und Wasser) und man hat einen Haufen herrlichen Komposts erhalten.

Dieses Produkt kann nicht nur vollständig zerfallen, sondern man kann auch schon festlegen, wann es komplett verschwinden wird. Eine einzigartige Möglichkeit für eine Plastiktüte, sie kann so lange am Leben bleiben, wie man es wünscht. Folglich kann eine Tragetasche für eine Lebensdauer von zwei bis fünf Jahren geschaffen werden, während man andere Verpackungsarten für eine Gebrauchsdauer von nur wenigen Monaten herstellen kann.

Symphony Environmental bedient sich einer Technologie, die bekannt ist unter den Namen EPIs® und TDPA™ (Totally Degradable Compostable Additive – Vollständig abbaubarer, kompostierbarer Zusatzstoff). Dieses Verfahren verwendet eine kleine Prozentzahl an Zusatzstoffen, die mit Polyethylen- oder Polypropylenharzen kombiniert werden können. Die eingesetzten Zusatzstoffe beeinflussen die Eigenschaften der fertigen Folie nicht. Der Abbauprozeß, der von Licht, Wärme und durch äußere Beanspruchung (Ziehen und Reißen) beeinträchtigt wird, beginnt, sobald das Material zum Einsatz kommt. Eines der wichtigsten Merkmale dieses Verfahrens ist die Möglichkeit, den Prozeß zu steuern.

SPI-TEK™ Vollständig abbaubares Polyethylen (PE)

107

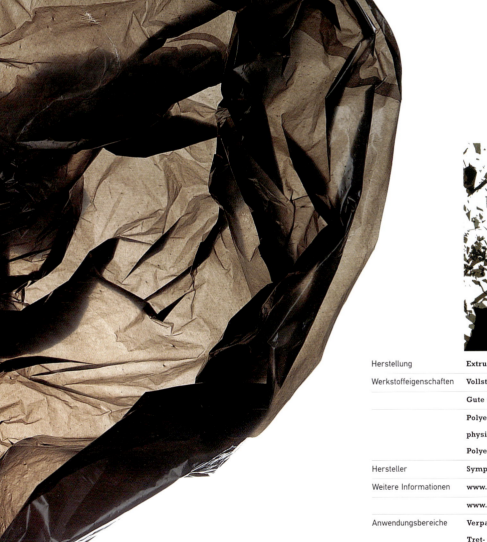

Herstellung	Extrudierte Folie
Werkstoffeigenschaften	Vollständig abbaubar; Relativ niedriger Kostenaufwand
	Gute Chemikalienbeständigkeit; Leicht zu verarbeiten
	Polyethylene sind in verschiedenen physikalischen Sorten erhältlich (LDPE, HDPE, MDPE – Polyethylen niedriger, hoher und mittlerer Dichte)
Hersteller	Symphony Environmental Ltd.
Weitere Informationen	www.symphonyplastics.co.uk
	www.degradable.net
Anwendungsbereiche	Verpackungen; Müllsäcke; Obst- und Gemüsetüten; Tret- und Schwingdeckel-Abfalleimer; Gefriertüten; Tragetaschen; Hygienebeutel für Hunde

siehe auch: **Polyethylen** 014–016, 034, 038, 053, 105, 113, 116, 125; **Polypropylen** 014–016, 025, 037, 045, 049, 061, 070, 083, 106, 109

Verbundwerkstoffe mit Naturfasern

Wie bei einem Kochrezept kann auch Kunststoff zusammen mit anderen Materialien verwendet werden, um neue, interessante Verbundwerkstoffe zu bilden. Alte Jeans, Banknoten und Kokosnußbast sind einige der Füllstoffe, die Grot in seinen Kunststoff-Rezepten benutzt. Das Hinzufügen dieser Werkstoffe läßt darauf schließen, daß Verbundwerkstoffe genauso hochleistungsfähig („high-tech") sind wie Kohle- oder Glasfaser.

Begonnen im Jahre 1996 mit Forschungen, die im USDA Forest Products Laboratory (Laboratorium für Forstprodukte) durchgeführt wurden, fing Grot – Global Resource Technology –, an, Verbundwerkstoffe herzustellen, die eine natürliche Alternative zu fabrikneuen, wiederverwerteten, mineralisch oder glasgefüllten thermoplastischen Kunststoffen darstellen. Sie produzieren eine Reihe von Polymeren, denen man Naturfasern hinzufügen kann. Auf dieser Basis kann man eine Reihe von Produkten mit einer Vielfalt an Anwendungsmöglichkeiten durch verschiedene Verfahren herstellen, einschließlich Extrusions-, Spritzgieß-, Preß- und Blasformverfahren.

Die Werkstoffe werden durch Schmelzen und Vermischen von Naturfasern mit einer Reihe von thermoplastischen Kunststoffen produziert. Die physikalischen und visuellen Qualitäten des Endverbundwerkstoffs sind festgelegt durch die Wahl der Naturfaser. Wenn man nach einer starken, visuellen Qualität sucht, wird zur Verwendung von Polypropylen geraten, gemischt entweder mit Reisschalen, Kiefernholz-Sägemehl, Kokosnußbast oder Sisal. Wenn man auf Zugfestigkeit gesteigerten Wert legt, wird Kenaf, Jute, Hanf, Flachs und Kraft Holzfaser (nicht Sägemehl!) empfohlen.

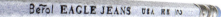

Alte Jeans...

Werkstoffeigenschaften	Natürliche Anmutung
	Niedrige Kosten – geringere als für das Grundharz
	Leicht wiederverwertbar; Leicht zu färben
	Formzykluszeit um bis zu 30% reduziert
	Niedriges Formenschwindmaß
	Niedriger Wärmeausdehnungskoeffizient
	Hohe Dehngrenze und Biegemodul: bis zu 5 x Grundharz
	Geringerer Energiebedarf in der Verarbeitung
Weitere Informationen	www.execpc.com/~grot/index.htm
Anwendungsbereiche	Fahrzeuginnenräume; Bauprodukte; Bürobedarf; Möbel; Lagerbehälter; Fenster- und Bilderrahmen; Tabletts; Ventilatorgehäuse und -blätter; Spielzeug

siehe auch: Verbundwerkstoff 030, 055, 082, 087, 100–101, 116; Thermoplastische Kunststoffe 022, 027, 029, 071–072, 090, 100–101, 127; Polypropylen 014–015, 025, 037, 045, 049, 061, 070, 083, 106

Textilabfälle

Die Textildesignerin Luisa Cervese verwendet viele verschiedene Werkstoffe für ihre lustigen und eleganten Handtaschen, Einkaufstaschen und Polster. Während sie als Textilforscherin für eines der größten italienischen Textilunternehmen arbeitete, fiel Cervese die große Menge von Textilabfällen auf, die einfach weggeworfen wurde. Diese Verschwendung inspirierte sie dazu, mit dem Kombinieren von Textilabfällen und Kunststoffen verschiedenster Eigenschaften zu experimentieren. Die Verwendung verschiedener Kunststoffarten bedeutet, daß jede Partie Material eine andere Fertigungsart erfordert und folglich zu einer Reihe verschiedener Resultate und individueller Produkte führt.

Die Industrie bringt eine enorme Menge Abfall hervor, was das Basis-Element der Riedizioni-Objekte ist. Die Eigenart von Cerveses Fertigungsverfahren bedeutet, daß jedes Stück einzigartig ist – es scheint fast so, als sei die Maschine ein Handwerker, der die Komponenten jedesmal individuell „auswählt".

Cerveses Ziel war es, ein einfaches, aber einmaliges Produkt zu entwerfen, das die geringste mögliche Menge Abfall verursacht. Die Qualität des Werkstoffs ist wichtig, aber jeder Kunststoff kann individuell ausgesucht werden, passend zum Endprodukt. Polyurethanseide ist sehr dünn ausrollbar und läßt sich gut mit den Abfällen kombinieren, so daß ein ideales Material für die Herstellung von Taschen und Regenmänteln entsteht. Die Polyurethanseide verleiht den Produkten nicht nur Individualität, sondern auch Struktur und Eigenschaften wie Dauerhaftigkeit und Wasserfestigkeit.

Polyurethanseide (PU)

111

Riedizioni
Design: Luisa Cervese
Markteinführung: 1995

Werkstoffeigenschaften	Niedrige Materialkosten
	Extrem dauerhaft
	Stark; Hochflexibel
	Gute Wasserfestigkeit
Weitere Informationen	**www.riedizioni.com**
Anwendungsbereiche	**Handtaschen; Geldbörsen; Kleidung; Tischsets; Polster**

siehe auch: Polyurethan 019, 022, 026, 030, 039, 072, 078, 111, 117, 120

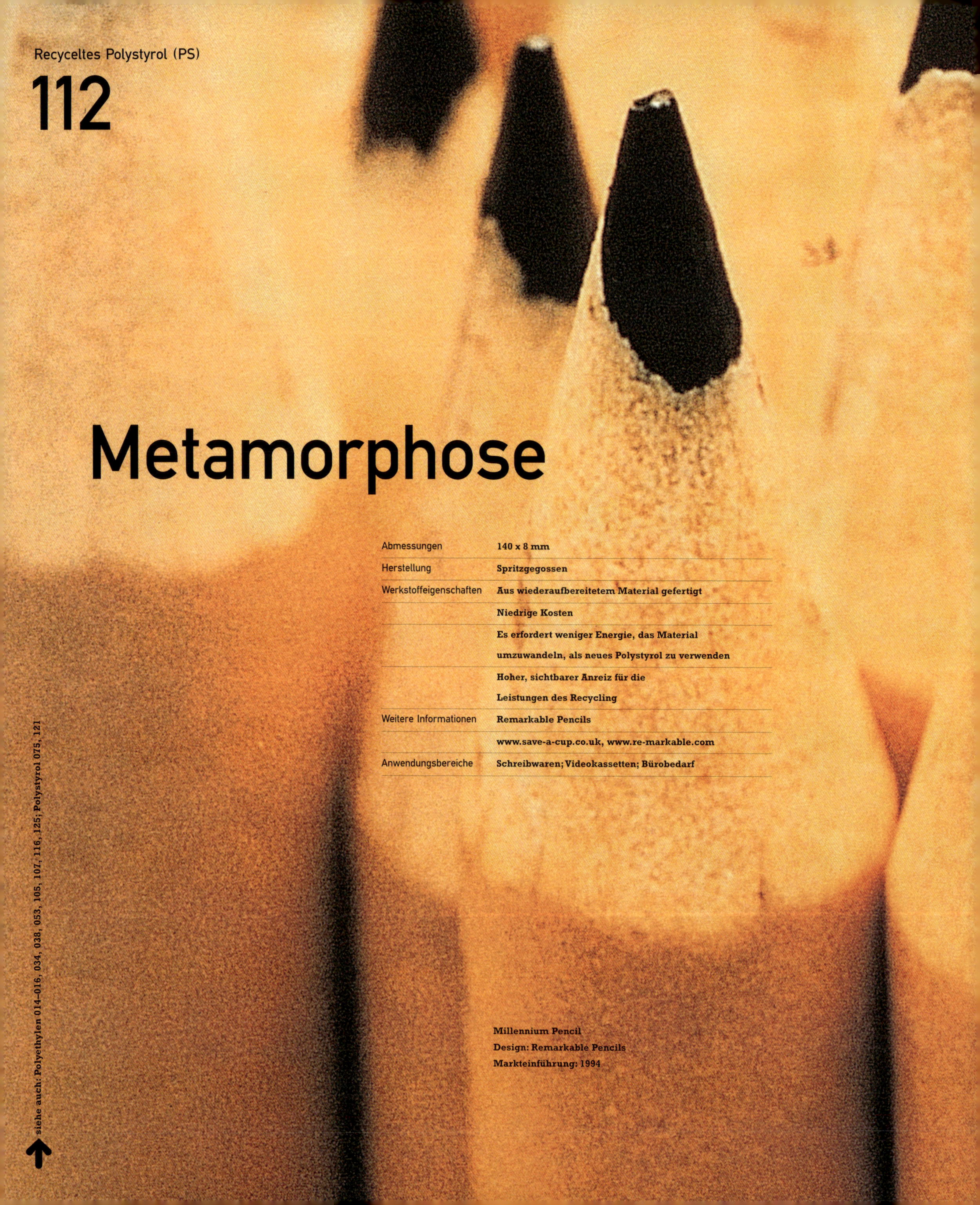

Recyceltes Polystyrol (PS)

112

Metamorphose

Abmessungen	140 x 8 mm
Herstellung	Spritzgegossen
Werkstoffeigenschaften	Aus wiederaufbereitetem Material gefertigt
	Niedrige Kosten
	Es erfordert weniger Energie, das Material umzuwandeln, als neues Polystyrol zu verwenden
	Hoher, sichtbarer Anreiz für die Leistungen des Recycling
Weitere Informationen	Remarkable Pencils
	www.save-a-cup.co.uk, www.re-markable.com
Anwendungsbereiche	Schreibwaren; Videokassetten; Bürobedarf

Millennium Pencil
Design: Remarkable Pencils
Markteinführung: 1994

siehe auch: Polyethylen 014–016, 034, 038, 053, 105, 107, 116, 125; Polystyrol 075, 121

↑

Das Save-a-Cup-Projekt (eine Becher-Sammelaktion) wurde von der Getränkeautomaten-, Nahrungsmittel- und Kunststoffindustrie als gemeinnützige Gesellschaft gegründet, um die Millionen Trinkbecher, die jede Woche in Großbritannien weggeworfen werden, einzusammeln. Die Verwendung eines einzigen Werkstoffs in der Urproduktion und das begrenzte Umfeld, in dem sie benutzt werden, ermöglicht eine einfache Sammlung.

Die teilnehmenden Organisationen bedienen sich spezieller Sammelautomaten, die bis zu 480 Becher zusammenpressen können und einen Ablauf für Flüssigkeiten haben. Die Becher werden dann bei den regelmäßigen Sammlungen durch Save-a-Cup-Fahrzeuge in Polyethylensäcke abgesetzt und zur Wiederaufbereitung ausgeliefert.

Während der Wiederaufbereitung werden Kontaminationsstoffe entfernt, bevor das Material in trockene Flocken umgewandelt oder zu Kügelchen weiterverarbeitet wird, die für eine breite Spanne von Anwendungen geeignet sind. Mit mehr als einer Billion Becher, die bisher für die Wiederverwertung gesammelt wurden, hat sich die Gesellschaft jetzt das Ziel gesetzt, bis zum Ende des Jahres 2001 750 Millionen benutzte Becher pro Jahr zu sammeln.

Remarkable ist dazu bestimmt, Tausenden von Tonnen Abfall, die jeden Tag in Großbritannien produziert werden, ein zweites Leben zu schenken. Genauso wie aus Plastikbechern fertigen sie ebenfalls Produkte aus Nahrungsmittelverpackungen, Papier und Autoreifen. Von den einzigartigen Millennium Pencils wurde jeder einzelne aus jeweils einem wiederaufbereiteten Polystyrol-Becher hergestellt.

115 Vertrautes

Ionomer-Harz

116

Design und Produktion vieler Sportartikel haben die Materialwissenschaft voll ausgeschöpft: TPE für Taucherflossen, Verbundwerkstoffe für Sport-Schläger, Aminogruppen in Kugeln. Die intelligente Grübchen-Oberfläche eines Golfballs ist entworfen worden, um seinen Flug und die Höhe zu steuern, wenn er – mit einer Geschwindigkeit von ca. 255 km/h – über den Golfplatz fliegt. Dunlop bietet drei verschiedene Muster an, und diese sind von solcher Wichtigkeit, daß sie von einem speziellen Entwicklungsleiter beaufsichtigt werden.

Ursprünglich hergestellt aus Federn, die mit Leder umwickelt waren, ist die Oberfläche moderner Golfbälle hergestellt aus Polyethylen mit hoher Schlag- und Schnittfestigkeit. Jeder, der schon einmal einen Golfball seziert hat, wird wissen, daß man unter der Außenschale oft ein festes Bündel aus Gummibändern mit darüber spritzgegossenem Polyethylen findet. Der Kern wird durch Nadeln in der Mitte der Form gehalten, die unmittelbar vor dem Abschluß des Verfahrens wieder herausgenommen werden. Dann wird die Fuge geschnitten und abgeschliffen und mit einer Lackschicht versehen.

Abmessungen	Durchmesser 41 mm
Herstellung	Spritzgegossene Surlyn®-Hülle
Werkstoffeigenschaften	Hohe Schmelzfestigkeit; Überragende Schlagfestigkeit
	Abriebfest; Abnutzungsbeständig
	Chemikalienbeständig; Gute Transparenz und Klarheit
	Direktes Haften auf Metall, Glas und Naturfasern durch Wärmelaminieren
	Direktes Haften auf Epoxidharz- und Polyurethan-Oberflächen
Weitere Informationen	www.dupont.com/industrial-polymers/surlyn
Anwendungsbereiche	Türgriffe; Spielzeug; Eishockey-Helme; Parfumflaschen; Schuhe; Schwimmbretter; Bowlingkegel; Werkzeuggriffe

Robuste Haut

Maxfli
Auftraggeber: Dunlop
Design: Dunlop Slazenger
International R&D Team
Entwickelt in den achtziger Jahren

siehe auch: TPE 072; Verbundwerkstoff 030, 055, 082, 087, 100–101, 108–109; Polyethylen 014–016, 034, 038, 053, 105, 107, 113, 125

Polyurethan (PU)

117

Flexboard
Vertrieb: Man and Machine Inc.
Markteinführung: 2000

Neue Ausdrucksform

Abmessungen	499 x 175 x 7 mm; Gewicht 700 g
Herstellung	Gegossenes Polyurethan
Werkstoffeigenschaften	Hervorragende Reißfestigkeit
	Gute Chemikalienbeständigkeit
	Überragende Ermüdungsbeständigkeit, Schneid- und Kratzfestigkeit
	Flexibel; Hohe Elastizität; Gute Farbauswahl
	Breites Spektrum an physikalischen Formen und mechanischen Eigenschaften
Weitere Informationen	www.mmits.com
Anwendungsbereiche	Beplankung/Verschalung; Blasen; Benzinleitungen; Verpackungsmaterial; Karosserieformen

Es ist weich, flexibel, und es biegt und windet sich wie Gummi. Das Flexboard ist aus Polyurethanschaum hergestellt, einem Werkstoff, der 1941 zum ersten Mal verkauft wurde und der wegen seiner Öl- und Lösungsmittelbeständigkeit ideal ist für diese Anwendung. Es kann auch in eine Form gegossen werden. Die Tasten sind lasergeätzt, um die Kosten für neue Werkzeugausrüstung aufgrund der verschiedenen Sprachen zu sparen. Das Keyboard bleibt trotz einer Reihe von starren, kleinen Platinen flexibel, eher als bei einer großen flexiblen Platine.

Da es sowohl in steifer als auch in flexibler Form hergestellt werden kann, ist Polyurethan für ein breites Anwendungsgebiet geeignet. Weichgeschäumtes Polyurethan wird für Polster, Matratzen und Dekorationen verwendet. Hartes Polyurethan ist in der Fahrzeug-, Bau- und Möbelindustrie im Einsatz, wo es als Werkstoff mit außergewöhnlich guten thermischen und akustischen Isoliereigenschaften hoch geschätzt wird.

siehe auch: Polyurethan 019, 022, 026, 030, 039, 072, 078, 085, 111

Steckt die Schläge ein

Abmessungen	**Durchmesser 216 mm**
Herstellung	**Gegossenes Polyesterharz**
Werkstoffeigenschaften	**Gute Schlagfestigkeit; Hervorragende Härte**
	Gute Oberflächenqualität; Gute Steifigkeit
	Hervorragende Maßhaltigkeit; Geringe Reibung
	Hervorragende Chemikalienbeständigkeit
	Wiederverwertbar
Weitere Informationen	**www.columbia300.com**
Anwendungsbereiche	**Flaschen für alkoholfreie Getränke; Lebensmittelverpackungen**

Die Idee, einen Ball über den Boden zu werfen und zu versuchen, damit etwas anderes zu treffen, existiert seit den alten Ägyptern. Modernes Bowling gibt es seit Beginn des 19. Jahrhunderts, mit Bällen, die ursprünglich aus dem Hartholz des Lignum Vitae waren, bis in den 60er Jahren Polyester zum idealen Ersatzmaterial wurde.

Es gibt viele Funktionen, die diese Bowlingbälle erfüllen müssen, abgesehen davon, dauerhaft belastungsfähig zu sein. Die Bowlingbahn hat eine anspruchsvolle Ausstattung, mit Bällen von 3,6 kg bis 7,3 kg Gewicht, und die Industrie schreibt vor, daß alle Bälle dieselbe Shore-Härte von 73 haben sollen. Um die verschiedenen Gewichte zu erzielen, enthält jeder Ball verschiedene Füllstoffe, von Hämatit für hohe Dichte bis hin zu Mikroglasballons für die leichteren Bälle. Die Innenteile werden in einer Stahlform mit Polyesterharz ausgegossen, daraus gehen sie dann mit einer rauhen Oberfläche hervor. Danach werden sie gedreht und zu Kugeln geschliffen. Erst nach dem Kauf werden die Löcher gebohrt, individuell abgestimmt auf den Griff des Benutzers. PET ist eines der beiden wichtigsten Polyester – das andere ist Polybutylenterephthalat (PBT) – die in Konkurrenz stehen mit Nylon. Genauso häufig, wie sie in der Textilindustrie verwendet werden, ist ihre andere, gebräuchlichste Verwendung: als Flaschen für kohlensäurehaltige Getränke.

Mit ständigen Aufprallgeschwindigkeiten von 24 km/h müssen die Kugeln konstanten Schlägen standhalten, was ihnen durch den mit Polyethylenharz ummantelten hölzernen Kern möglich ist.

Polyethylenglykolterephthalat (PET)

119

Bowlingkugeln
Brunswick

siehe auch: **Shore-Härte** 072, 090, 127, 150; **Polyesterharz** 120; **PET** 079; **Nylon** 034, 067, 091

↑

Melamin-Formaldehyd-Verbindung (MF)

120

Herstellung	Gegossen, geschliffen und poliert
Werkstoffeigenschaften	Hohe Schlagfestigkeit; Kratzfest; Sehr hoher Glanz
	Leicht zu färben; Exzellente Chemikalienbeständigkeit
	Wärmebeständig; Geruchlos; Fleckbeständig
	Z. T. flammgeschützte Typen; Gute Elektroisolierung
	Begrenzte Produktionsmethoden
Weitere Informationen	www.perstorp.com
Anwendungsbereiche	Griffe; Ventilatorgehäuse; Lasttrennschalter;
	Mantelknöpfe; Eßgeschirr; Kunststofflaminate;
	Aschenbecher

Wunderschöne Oberfläche

Ebenso wie Bowlingkugeln sind natürlich auch Billardkugeln ein Produkt, das sich durch hohe Schlagfestigkeit auszeichnen sollte. Um eine Beschleunigung von 0 auf 30 km/h in weniger als einer Sekunde und eine Reibungswärme von 250°C auszuhalten, müssen sie aus hartem Material gefertigt sein. Es ist auch notwendig, daß sie kratz- und splitterfest sind. Je länger sie ihre blanke Oberfläche behalten, desto besser ist das Spiel und desto weniger schaden sie der Oberfläche des Billardtisches.

Im allgemeinen bestehen Billardkugeln entweder aus Melamin- oder aus Polyesterharz. Melaminharze waren die ersten synthetischen Kunststoffe, die für die Massenproduktion verwendet wurden, und wegen ihrer exzellenten elektrischen Isoliereigenschaften hat man sie auch für Gehäuse von elektrischen Produkten benutzt. Mit ähnlichen Eigenschaften ausgestattet wie die Phenolharze, sind sie doch besser geeignet für Billard- und Bowlingkugeln, und zwar aufgrund ihrer Fähigkeit, leuchtende Farbstoffe zu tragen.

Die Produktion dieser einfachen Kugeln basiert auf einem geheimen Herstellungsprozeß, der aus 13 Stufen besteht und 23 Tage dauert. Die Sicherstellung von konstanter Dichte und Farbwiedergabe erfordert ständige Wartung, damit alle Bälle exakt gleich sind.

Billardkugel
Hersteller: Aramith

Polystyrol (PS)

121

Preiswert

Abmessungen	Von 5 mm bis 300 mm
Herstellung	Spritzgegossenes Polystyrol mit hoher Schlagfestigkeit
Werkstoffeigenschaften	Niedrige Kosten; Niedrige Schrumpfungsrate
	Leicht zu formen und zu verarbeiten; Leicht zu färben
	Gute Transparenz; Hervorragendes Haftvermögen
	Sehr geringe Feuchtigkeitsaufnahme
	Hoher Schmelzdurchfluß; Ungiftig
	Gute Maßhaltigkeit; Wiederverwertbar
Weitere Informationen	www.huntsman.com, www.atofina.com
Anwendungsbereiche	Kühlschrankfächer; Lebensmittelverpackungen; Audiogeräte; Kleiderbügel

Jeder, der schon einmal ein Airfix-Modell zusammengebaut hat, ist vertraut mit diesem besonderen Kunststoff. Der Leim schweißt praktisch zwei Kunststoffteile zusammen. Die komplizierten Details waren so präzise, daß man sogar das Lächeln des Flugzeugpiloten erkennen konnte. Das Knackgeräusch von jedem Teil, das vom Angußrest gelöst wurde, machte nicht nur Spaß beim Zusammenbauen des Modells, sondern auch bei der anfänglichen Demontage. Die ganze Schachtel war die Veranschaulichung eines Herstellungsprozesses von Kunststoffprodukten. Ursprünglich im Jahre 1939 von Nicholas Kove entwickelt, stellte es ein werbewirksames Instrument für Fergasen dar. Das erste Airfix-Modell zur Selbstmontage wurde jedoch erst 1949 produziert. Heute fertigt das Unternehmen 240 verschiedene Modelle, die in Produktionsläufen von 3.000 Stück pro Jahr von den teuren 50er-Sets bis 20.000 Stück pro Jahr von den kleineren Modellen hergestellt werden, wobei jedes einzelne Modell in etwa 20 Sekunden produziert ist. Der Gebrauch von hochschlagfestem Polystyrol sorgt für ein ausgewogenes Verhältnis der Werkstoffkosten wie zum Beispiel bei ABS, das leicht spritzgegossen werden kann und einem Material, das die hohe Präzision bieten kann, die für die komplizierten Details der Bauteile benötigt wird. Es hat eine feste Struktur mit relativ dünnen Wandstärken und gutem Haftvermögen, wodurch Bemalen und Kleben leicht möglich ist.

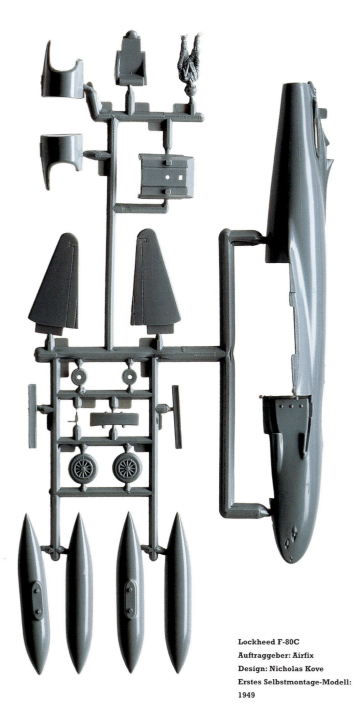

Lockheed F-80C
Auftraggeber: Airfix
Design: Nicholas Kove
Erstes Selbstmontage-Modell: 1949

siehe auch: Leim 053, 063, 084, 123; Polystyrol 075, 112; ABS 027, 060, 071, 075, 077, 097

Polyvinylchlorid (PVC)

123

Neue Form

Abmessungen	**Größe 6: 210 x 80 mm**
Herstellung	**Spritzgegossenes PVC**
Werkstoffeigenschaften	**Vielseitig; Leicht zu färben; Kostengünstig**
	Zusatzstoffe können es mit einer riesigen Palette an Eigenschaften ausstatten
	Gute Chemikalienbeständigkeit
	Leicht zu verarbeiten
	Gute Korrosions- und Fleckenbeständigkeit
	Hervorragende Leistungen im Freien; Gute Steifigkeit
Weitere Informationen	**www.grendene.co.br**
Anwendungsbereiche	**Verpackungen; Tauchverfahren; Ablaufrohre; Regenmäntel; Haushaltsgeräte; Kreditkarten; Auto-Innenräume**

Von diesem brasilianischen Hersteller werden pro Jahr genügend Schuhe produziert, daß die Hälfte der brasilianischen Bevölkerung von 160 Millionen Menschen mit Jelly-Schuhen beliefert werden könnte. „Jelly" (Gelee) ist die perfekte Beschreibung für diese Produkte. Wie bei den Pingpongbällen hat auch hier die Qualität des Materials den Ruf begründet. Diese Schuhe nutzen das Form- und Farbpotential von Kunststoff, um eine neue visuelle Sprache für Schuhmode zu kreieren. Diese Objekte sind so faszinierend, daß ihnen jede Aufmerksamkeit sicher ist. Obwohl PVC nicht der verschleißfesteste Werkstoff ist, handelt es sich dennoch um einen guten Kompromiß zwischen Stärke, Nachgiebigkeit und Kostenaufwand. Jeder Schuh soll bei normalem Gebrauch 2–3 Jahre haltbar sein.

Die Schuhe werden üblicherweise in zwei Arbeitsgängen geformt. Im Falle des Eiffel Tower Jelly sind Sohle und Absatz aus einer Form gefertigt, der obere Teil wurde separat angeleimt. Gewöhnlich wird der Absatz aus einer härteren Sorte PVC hergestellt und das Obermaterial aus einer weicheren. Das Wasser wird dann mit einer Spritze in den Absatz eingespritzt. Um das Grünwerden des Wassers zu verhindern, hat man es mit einem antibakteriellen Mittel behandelt. Das Loch wird anschließend versiegelt.

Eiffel Tower
Design: Patrick Cox
Markteinführung: 1996

siehe auch: PVC 024, 035, 038–039, 047, 050–051, 058–059, 063, 065, 084, 092

Harnstoff-Formaldehyd-Verbindung (UF)

124

Sonata
Hersteller: Celmac

Hautnah

Harnstoff ist im Wörterbuch definiert als „eine im Urin des Säugetieres gefundene Substanz", was also liegt näher, als es für die Herstellung von Toilettensitzen zu verwenden? Als Duroplast war es eines der ersten Werkstoffe, die mit Bakelit konkurrieren konnten, denn es kann in jeder erdenklichen Farbe geformt und produziert werden. Hergestellt durch Erwärmung von Harnstoff und Formaldehyd – seit den dreißiger Jahren in Produktion – gehört es zur Familie der organischen Polymere.

Wegen seines hohen Gewichts und der allgemeinen Griffigkeit macht es einen hochwertigen Eindruck. Wenn man es an Melaminverbindungen mißt, besitzt es ähnliche Eigenschaften, allerdings ohne die hohen Kosten. Als Formmasse kann es im Preßverfahren oder Spritzgußverfahren zu einer Reihe von Produkten verarbeitet werden. Als Harz wird es zur Herstellung von Laminaten verwendet, und als Bindemittel setzt man es für die Produktion von Spanplatten und Sperrholz ein. In Schaumform wird es zur Isolierung von Wandhohlräumen benutzt.

Abmessungen	445 x 387 mm
Herstellung	Preßgeformt
Werkstoffeigenschaften	Gute Chemikalienbeständigkeit; Leicht zu färben
	Warm; Gute elektrische Isoliereigenschaften
	Kratzfest; Fleckenbeständig; Hochglanzoberfläche
	Kostengünstig im Vergleich zu Melamin
Weitere Informationen	www.perstorp.com, www.polypipe.com/bk
Anwendungsbereiche	Abdeckungen für elektrische Schalter; Anschlußdosen; Toilettensitze; Toilettendeckel; Kappen und Verschlüsse für Parfumflaschen; Knöpfe

siehe auch: Bakelit 061, 066, 126, 132; Harnstoff-Formaldehyd 066; Melamin 037, 042–043, 066, 120

Polyethylen (PE)

Jeder kennt den beruhigenden, glatten, weichen Kunststoff und das angenehme Gefühl, wenn man den Deckel schließt – und bereit ist für ein Picknick. Dieses Geräusch hat sogar einen Namen, der „Tupperware-Rülpser", neu definiert in den siebziger Jahren als „das Flüstern". Seit dem Pingpongball sind die taktilen Eigenschaften von Kunststoff nicht mehr derart symbolisiert worden.

ICI entwickelte im Jahre 1939 das Polyethylen, aber es war ein Chemiker bei DuPont, der drei Jahre später als erster entdeckte, wie man es spritzgießen kann. Schon bald darauf kamen Tupper-Kunststoffe auf den Markt. Obwohl sie ursprünglich in Geschäften vertrieben wurden, hatten sie erst den vollen Erfolg, als Brownie Wise, die erste Tupperware-Vertreterin, sie in die Haushalte amerikanischer Frauen brachte. Letztendlich waren die Verkaufszahlen in den Läden zurückgegangen wegen zu geringen Umsatzes. Nach heutigen Schätzungen findet alle 2,5 Sekunden irgendwo auf der Welt eine Tupperparty statt.

Herstellung	Spritzgegossenes Polyethylen
Werkstoffeigenschaften	Leicht; Unzerbrechlich; Relativ niedrige Kosten
	Gute Hitze- und Kältebeständigkeit
	Hervorragende Chemikalienbeständigkeit
	Gut ausgewogenes Verhältnis zwischen Steifigkeit, Schlagfestigkeit und Resistenz gegenüber umgebungsbeeinflußter Spannrißbildung
	Reißfest; Hygienisch; Wiederverwertbar
Weitere Informationen	www.tupperware.com, www.basell.com
	www.dsm.com, www.dow.com
Anwendungsbereiche	Chemikalienfässer; Tragetaschen; Auto-Benzintanks; Blasgeformtes Spielzeug; Kabelisolierung; Möbel; Drahtisolierung

Tupper-Laute

Wondelier Schüsselset
Design: Earl C. Tupper
Markteinführung: 1949

Phenolformaldehydverbindung (PF), Bakelit

Berühmtheitsstatus

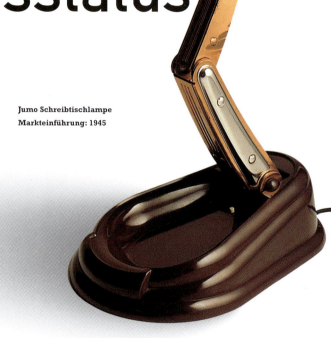

Jumo Schreibtischlampe
Markteinführung: 1945

Bakelit sei das „Material der tausend Verwendungsmöglichkeiten", wie es zu Beginn des 20. Jahrhunderts hieß, als es entdeckt wurde. Der Aufstieg von Bakelit ging Hand in Hand mit der Entstehung des neuen Berufs des Industriedesigners. Oft hat man Raymond Loewy in Bakelit-Reklame das Loblied auf das neue Kunststoffmaterial singen hören. Es war einer der ersten Kunststoffe, die den Designern die Freiheit brachten, eine neue Produktästhetik zu kreieren.

Bakelite ist auch der Name eines Unternehmens, das Phenole und andere Werkstoffe produziert. Phenolharze sind nicht besonders für die Zugabe von Farbstoffen geeignet, daher gibt es sie gewöhnlich nur in dunklen Farben. Heute werden Phenole im wesentlichen als Bindemittel oder Klebstoffe bei der Herstellung von Pappe und Laminaten verwendet. Als Formmasse kann es leicht durch Füllstoffe und Fasern verstärkt werden, die ihm Zähigkeit verleihen und verhindern, daß das Produkt zu brüchig wird. Heutzutage verwendet man es zum Beispiel zur Herstellung von Kochtopfgriffen.

Werkstoffeigenschaften	Gute Hitzebeständigkeit; Hervorragende Flammfestigkeit
	Hohe Schlagfestigkeit; Kostengünstiges Material
	Hervorragende Maßhaltigkeit; Ungiftig
	Gute Härte und Kratzfestigkeit
	Überragende elektrische Isoliereigenschaften
	Paßt am besten zu dunklen Farben
	Wird brüchig in dünner Wandstärke
	Ist so hart wie eine feste Komponente
Weitere Informationen	www.bakelite.de, www.bakelite.ag
Anwendungsbereiche	Bremsleitungen; Schaum für Blumengestecke; Bindemittel für Leimholzbretter; Bowlingkugeln; Kochtopfgriffe; Türgriffe

siehe auch: Bakelit 061, 066, 124, 132; Phenolharz 066, 120; Laminat 023, 042–043, 066, 118, 120, 124

Thermoplastisches Elastomer (TPE), lebensmittelecht

127

Supremecorq®
Auftraggeber: Supremecorq®
Markteinführung: 1992

Dichtet ab

Abmessungen	**Durchmesser 45 mm oder 38 mm**
Werkstoffeigenschaften	**Flexibel; Gute Öl- und Chemikalienbeständigkeit**
	Gute Verschleiß- und Reißfestigkeit
	Leicht zu färben; Wiederverwertbar
	Kann bemalt werden
	Erhältlich in verschiedenen Shore-Härten
	Kann extrudiert, spritzgegossen und blasgeformt werden
	Behält seine Eigenschaften bei Niedrigtemperaturen
	Kann mit Glasfaser verstärkt werden
Weitere Informationen	**www.aestpe.com, www.supremecorq.com**
Anwendungsbereiche	**Stoßdämpfer; Seitenverzierungen für Autos;**
	Handwerkzeuge; Skistiefel; Hochsee-Verkabelung;
	Staubsaugerschläuche; Reifen für Einkaufstrolleys;
	Griffe für Handwerkzeuge

Von Bordeaux bis zum Napa-Valley und von Italien bis Australien stellen Weingüter von Naturkorken auf Kunststoffkorken um. Die Verwendung von Kunststoffkorken wurde eingeführt, um korkigem Wein entgegenzuwirken. Immer mehr Supermärkte bestehen auf einer beständigen Qualität und zwingen so die Weingüter dazu, Kunststoffkorken zu verwenden.

Aus einem thermoplastischen Elastomer hergestellt, das wegen seiner Eignung für elastische Abdichtung verwendet wurde, fühlen sich die Korken warm und leicht porös an. Dadurch wird für ausreichende Verdunstung gesorgt, was bei Versiegelungen notwendig ist. Der ausgeprägte marmorierte Effekt resultiert aus dem Spritzgießverfahren, bei dem die Auskühlung in verschiedenen Stufen erfolgt. Die Korken haben die Eigenschaft, sich selbst zu verdichten — wenn man den Korkenzieher aus dem Korken herausdreht, schließt sich das entstandene Loch also wieder.

siehe auch: Elastomer 038, 071–072, 083, 086, 090–091, 097; Shore-Härte 072, 090, 118, 150; TPE 072, 086, 090

129 Erstaunliches

Wenn es Kunststoffe gab, mit denen man als Kind gerne gespielt hat, gehört dieser auf jeden Fall dazu. Gewöhnlich wird er für T-Shirts und Löffel verwendet – hält man ihn für ein paar Minuten in der verschwitzten Handfläche, über den Heizkörper oder unter den laufenden Wasserhahn, wechselt er die Farbe. Es gibt viele verschiedene Technologien zur Farbänderung; Thermochromie (reversible Farbänderung bei Erwärmung) und Fotochromie (Farbänderung beim Einwirken von ultraviolettem Licht) sind wahrscheinlich zwei der am häufigsten angewandten. Sie können als Tinte verwendet werden oder bereits als Imprägnierung im Werkstoff enthalten sein.

Für thermochromische (TC) Anwendungen gibt es zwei verschiedene Werkstoffe: Flüssigkristalle und Leuko-Farbstoffe. Für Anwendungen, die ein hohes Maß an Genauigkeit erfordern, gewährleistet die Flüssigkristalltechnik eine bessere Kontrolle der Temperaturen, die sich gewöhnlich zwischen −25°F und 250°F befinden, und dieses Verfahren ist auch aufgrund seiner Empfindlichkeit in der Lage, eine Änderung von 0,2°F zu erkennen. Sie beginnen bei Schwarz und wechseln zu milchigem Braun, Rot, Gelb, Grün, Blau, Violett und wieder zu Schwarz, wenn die Temperatur über ihren Bereich hinausgeht. Leuko-Farbstoffe bieten weniger Genauigkeit, sind aber eine preisgünstige Alternative zu Flüssigkristallen. Fotochrome ändern ihre Farbe unter Einwirkung von ultravioletten Strahlen, man findet sie am häufigsten in Sonnenbrillen.

Werkstoffeigenschaften	**Bedruckbar; Optisch sehr ansprechend**
	Haftet an verschiedensten Trägermaterialien
	Bietet ein gutes Sicherheitspotential; Kostengünstig
	Ausgereifte Technologie für vielerlei Spezifikationen
Weitere Informationen	**www.colorchange.com/company.htm**
	www.interactivecolors.com
	www.solaractiveintl.com
Anwendungsbereiche	**Thermometer; Produktneuheiten; Baby-Produkte;**
	Stimmungsringe; Batterietester; Spielsachen;
	Sonnenbrillen; Batterieverpackungen

Farbe und Wärme

Farbwechselnde Polymerbeschichtung
131

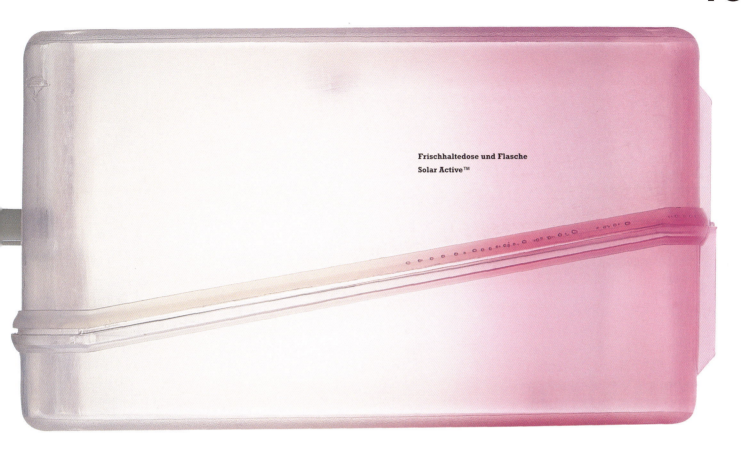

Frischhaltedose und Flasche
Solar Active™

Imprägnierte Kunststoffe mit dekorativen Effekten

132

Werkstoffeigenschaften	Kann hochwertiger aussehen, als es ist
	Erhältlich in verschiedenen Metallic-Farben
	Sieht aus wie Metall, kann aber in Formen produziert werden, die in Metall nicht möglich wären
	Splittert nicht; Kostengünstig
	Eher in Kunststoff enthalten als nachträglich aufgesprüht
	Vermeidet kostenaufwendiges, nachträgliches Färben
	Umweltfreundlicher, da keine zusätzliche Farbe notwendig ist
Weitere Informationen	www.geplastics.com/resins/visualfx/index.htm
Anwendungsbereiche	Formteile, die aus einer breiten Auswahl an Polymeren hergestellt werden können

Imitation

Der Reiz eines Produkts hat ebensoviel mit seiner Form und Funktion zu tun wie mit den fühlbaren und sichtbaren Qualitäten seiner Oberfläche. In den dreißiger Jahren benutzten Industriedesigner Bakelit wegen dessen Eigenschaft, sich in jede erdenkliche Gestalt zu formen. Die heutigen Produkte beanspruchen unsere Aufmerksamkeit nicht nur aufgrund ihres Materials, sondern noch mehr wegen ihrer Oberflächenqualitäten.

Hersteller suchen ständig nach intelligenten Veredelungen, um gegen unsere Vorurteile anzugehen. Die Farboberfläche Nextel war für eine Weile modern, von den späten achtziger Jahren an, bis wir es müde wurden, daß es von den Kanten unserer Hi-Fi-Anlagen abblätterte. Nun, diese Zeiten sind vorbei. Jetzt kann man Kunststoffe herstellen, die bereits Farbe und andere dekorative Effekte enthalten, so daß nachträgliches Lackieren nicht mehr notwendig ist.

DuPont hat eine Kollektion von Polymeren mit Spezialeffekt entworfen, womit die Oberflächen anderer Materialien aufgefrischt werden können. Eines dieser Produkte ist Ares, welches „Metall realistischer als je zuvor" simulieren soll. Um diesen Effekt zu erzielen, werden den Harzen vor Beginn des Fertigungsprozesses Metallflocken zugefügt, die „für das menschliche Auge nicht mehr erkennbar sind". Auf diese Art erzielt man eine größere Tiefenwirkung in der Oberfläche, als man jemals mit Farbe erreichen könnte. Außerdem splittert es nicht ab.

Weitere Effekte aus dem Stall von DuPont sind „Light Diffusion", ein Material mit lichtdurchlässiger Wirkung, das die Illusion „geheimnisvoller Tiefe" hervorruft. „Energy" ist ein fluoreszierendes Harz, erhältlich in auffallenden Farben, mit verschiedenen Graden von Undurchsichtigkeit. „Marble" (= Marmor) spricht für sich selbst, und die subtilen Farbwechsel in „Intrigue" erzielen einen vorübergehenden zweifarbigen Effekt, wenn der Betrachter sich vor dem Objekt hin und her bewegt.

siehe auch: Bakelit 061, 066, 124, 126

135 Herstellungsverfahren

Herstellungsverfahren
136

In die Diskussion über die Verwendung von Kunststoffen für Produkte müssen auch die Herstellungstechniken einbezogen werden, die zu deren Fertigung eingesetzt werden. Viele Kunststoffe können durch verschiedene Verfahren produziert werden. Der richtige Herstellungsprozeß hängt von vielen Kriterien ab: von der Gestalt des Produkts, den Materialanforderungen, der Summe, die man in Werkzeug und Maschinen investieren kann und der Stückzahl, die man herstellen möchte. So erfordert etwa Spritzgießen hohe Werkzeugbereitstellungskosten, ermöglicht aber niedrige Stückkosten – im Vergleich zum Rotationsformen, bei dem es sich genau umgekehrt verhält.

Im folgenden werden einige der häufigsten Verfahrenstechniken vorgestellt.

Herstellungsverfahren
137

Blasformen	Ein Herstellungsprozeß, der oft in Fernsehsendungen für Kinder gezeigt wird, wenn von Massenproduktion die Rede ist. Es werden Bilder von Kunststoffschläuchen dargestellt, die in eine Form geblasen werden und anschließend auf einem Förderband laufen. Es gibt zwei Varianten dieses Prozesses: Spritzblasformverfahren und Extrusionsblasformverfahren.
	Für die meisten Kunststoff-Trinkbehälter wird die Herstellungstechnik des Spritzblasformens benutzt. Es läuft tatsächlich ab wie das Aufblasen eines Kunststoffballons in eine Form, wobei sich dieser dann der inneren Gestalt der Form anpaßt. Die Anwendung des Spritzblasformens ermöglicht Details wie das Ausgestalten von Gewinden für dazu passende Schraubdeckel.
	Das Spritzblasformverfahren besteht aus zwei Arbeitsgängen: Zuerst wird ein Rohr spritzblasgeformt. Anschließend rotiert es um das Blasformwerkzeug, wobei heiße Luft in das Rohr geblasen wird. Dort dehnt sie sich aus, um den Hohlraum der letzten Form auszufüllen. Oberflächen und Strukturen jeglicher Art können an der Formhöhlung gestaltet und auf dem endgültigen Teil angedrückt werden.
	Das Extrusionsblasformverfahren ist ein ähnlicher Prozeß, aber anstelle des spritzgegossenen Teils zu Beginn des anderen Verfahrens wird hier das Rohr extrudiert, an beiden Enden abgeklemmt und dann aufgeblasen, um die Form auszufüllen.
Anwendungsbereiche	Milchflaschen, Limonadenflaschen und Behälter

Kalandrieren	Ein Verfahren, bei dem dünne Folien aus Kunststoff hergestellt werden. Es stellt die Ausgangsbasis dar, um Kunststoffbahnen für Duschvorhänge und Frischhaltefolie warmzuformen. Beim Kalandrieren wird Kunststoffgranulat einer Reihe von beheizten Walzen zugeführt und zu Platten oder Folien verarbeitet. Strukturen können in die Folie eingearbeitet werden, indem man die Walzen vorher entsprechend strukturiert.
Anwendungsbereiche	Acetatfolien, PVC-Folien, Duschvorhänge und Tischdecken

Herstellungsverfahren
138

Extrudieren	Am besten versteht man das Verfahren des Extrudierens, wenn man sich Knetwerkzeug für Kinder vorstellt, bei dem man Knetmasse in ein Rohr gibt, an der Kurbel dreht und dabei fortlaufende Stränge einer bestimmten Form erhält. Dies ist tatsächlich derselbe Prozeß, der auch beim Extrudieren in der Massenproduktion abläuft.
	Das Kunststoffgranulat wird in ein Trichterfüllgerät gegeben, wo es erhitzt und mit Zusatzstoffen vermischt wird. Die Schnecke befördert den geschmolzenen Kunststoff durch die speziell gestaltete Extrudierform, wobei kontinuierliche Stränge mit demselben Profil entstehen, die anschließend durch Luft oder Wasser ausgekühlt werden.
	Das Verfahren des Extrudierens wird auch bei Metallteilen benutzt, und – ebenso wie beim Kunststoff – werden Platten in die gewünschte Länge geschnitten. Fensterrahmen, Rohre, Platten und Folien sind typische Beispiele des Extrusionsformens. Verglichen mit den Kosten des Spritzgießverfahrens sind sie hier eher niedrig. Dennoch ist die Herstellung gewöhnlich auf Aufträge minimalen Umfangs begrenzt.
Anwendungsbereiche	Profile, Rohre, Folien, Papierhaftmittel, Fensterrahmen, „Plastikgeld" und Gardinenleisten.

Preßformen	Dieser Herstellungsprozeß wird hauptsächlich für stabile Teile aus wärmehärtbaren Kunststoffen verwendet. Verglichen mit dem Spritzgießen, Extrudieren und anderen Herstellungsmethoden unter hohen Geschwindigkeiten ist das Preßverfahren langsamer und arbeitsintensiver, hat aber den Vorteil der niedrigeren Rüstkosten.
	Eine bestimmte Menge pulverförmigen Harzes wird einer zweiteiligen Preßform zugeführt, und die Einwirkung von Hitze und Druck – während beide Teile zusammengepreßt werden – härtet das Material aus. Durch diesen Prozeß kann man gute Oberflächendetails erzielen, aber gewöhnlich fordert jedes einzelne Teil darüber hinaus noch Nacharbeiten von Hand.
Anwendungsbereiche	Melaminplatten und Toilettensitze

Herstellungsverfahren

Gießverfahren	Obwohl es nur begrenzt Anwendung in der Massenproduktion findet, ist das Gießverfahren eines der leichtesten und zugänglichsten Arten, einfache und solide Kunststoffteile herzustellen. Die meisten Hobby- und Handwerksbedarfsgeschäfte verkaufen das Basismaterial für Gieß- und Schmelzarbeiten, die man dann zu Hause fertigen kann.
	Die Teile können anfänglich aus einem beliebigen Werkstoff produziert werden, der zu einer Matrize gegossen werden kann. Diese wird dann dazu benutzt, das Endprodukt zu formen.
	Im allgemeinen zählen Acryl, Epoxidharze, Phenolharze, Polyester- und Polyurethanharze zu den Werkstoffen, die man für das Gießverfahren verwendet. Die Formen können aus starren oder weichen Materialien hergestellt werden. Harze werden gewöhnlich durch das Hinzufügen eines Katalysators gehärtet; Farben, Zusätze und Füllstoffe werden schon früher zugefügt.
Anwendungsbereiche	Papierbeschwerer, Platten, Formen

Herstellungsverfahren
140

Rotationsformen	Das Rotationsformen wird für die Herstellung hohler, gewöhnlich massenproduzierter Produkte verwendet. Seine relativ niedrigen Werkzeugbereitstellungskosten machen es zu einem idealen Verfahren für Produktionsläufe mit geringen Stückzahlen.
	Präzise Mengen von Pulver oder Flüssigkeiten werden in eine zweiteilige Form gegeben. Die Wandstärke des Endprodukts wird von der Menge des benutzten Werkstoffs bestimmt. Die Form durchläuft eine Wärmekammer und dreht sich um zwei Achsen. Der Kunststoff im Innern der Form schmilzt und kann durch die Drehbewegung die gesamte Innenwand der Form auskleiden. Danach kühlt die Form aus und das Endprodukt löst sich heraus. Das Hauptmerkmal dieses Verfahrens ist, daß das Teil letztendlich eine einheitliche Wandstärke erhält. Da jedoch keinerlei Druck ausgeübt wird, ist dieser Prozeß nicht geeignet für Teile, die feine Details erfordern. Die Außenoberfläche spiegelt die Wand der Form wider, während der Oberflächenzustand der Innenseite minderwertig ausfällt.
Anwendungsbereiche	Lagerfässer, Kinderspielzeugautos, Rollcontainer

Spritzgießen	Es ermöglicht Designern praktisch die totale Freiheit, fast jede vorstellbare Form zu gestalten, und man findet es auf allen Gebieten der Herstellung von Kunststoffprodukten. Anfänglich nur auf thermoplastische Kunststoffe begrenzt, kann das Spritzgießverfahren mittlerweile auch für Duroplaste eingesetzt werden.
	Innerhalb dieser Herstellungsart wird Polymergranulat durch ein Trichterfüllgerät in die Maschine eingespeist, wo es anschließend in einen beheizbaren Zylinder gelangt. Die Wärme des Zylinders plastifiziert den Kunststoff zu Harz, das dann unter Druck in die Form gespritzt wird. Das Mehrkomponenten-Spritzgießverfahren (Koinjektion) umfaßt das Einspritzen von zwei verschiedenen Farben oder Werkstoffen in dieselbe Form an unterschiedlichen Stellen, um zwei getrennte Oberflächenbeschaffenheiten oder Farben zu erzielen.
	Spritzgießen eignet sich für Produktionen hohen Umfangs und bringt hohe Kosten für die Werkzeugausrüstung mit sich, wobei die Teile in schneller Folge gefertigt werden. Toleranzen und Details können in hohem Maße gesteuert werden; die Stückkosten sind relativ niedrig.
Anwendungsbereiche	Computergehäuse, Lego und Kunststoffbestecke

Herstellungsverfahren

141

Thermoformen	Dieses Verfahren kann in zwei Hauptprozesse aufgeteilt werden: Vakuumformen und Druckluftformen. Bei beiden werden vorgefertigte Kunststoffbogen als Ausgangsmaterial verarbeitet. Das Prinzip des Warmformens basiert auf der Verwendung von Vakuum oder Druckluft, um die Kunststoffbogen in die Form hineinzusaugen oder an die Form zu drücken. Beim Vakuumformen wird das Formwerkzeug auf einer Auflage plaziert, die abgesenkt und angehoben werden kann. Der Kunststoffbogen wird über der Form in einen Spannrahmen eingelegt und erwärmt, bis er thermoelastisch verformbar ist und einem Vakuum ausgesetzt werden kann. Dann ist es möglich, ihn in die Höhlung der Form zu saugen oder anzudrücken.
	Das Verfahren des Vakuumformens bietet ein besseres Preis-Leistungs-Verhältnis bei den anfänglichen Investitionen für die Werkzeugbereitstellung als viele andere Kunststoffverarbeitungsprozesse. Da es nur geringen Druck erfordert, können die Formwerkzeuge aus Aluminium, Holz oder sogar Gips bestehen. Die Zugänglichkeit dieses Verfahrens hat dazu geführt, daß es zur Standard-Werkstattausrüstung in den meisten Kunst- und Designwerkstätten geworden ist, wo man dann Einzelstücke fertigen kann.
	Das Druckluftformen erfordert einen höheren Druck als das Vakuumformen. Anstelle des Vakuums, das benutzt wird, um den Werkstoff über die Form zu ziehen, verwendet man hierbei Druckluft, um ihn in eine Negativ- oder Positivform zu drücken. Druckluftformen eignet sich eher für Produkte, bei denen ein Nacharbeiten an feinen Details erfolgen muß.
Anwendungsbereiche	Bäder, Bootsrümpfe und Picknickdosen

Herstellungsverfahren
142

Spritzblasformen

Extrusions-Blasformen

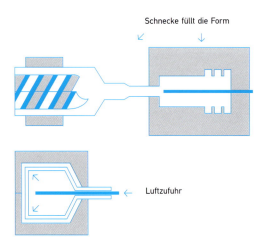

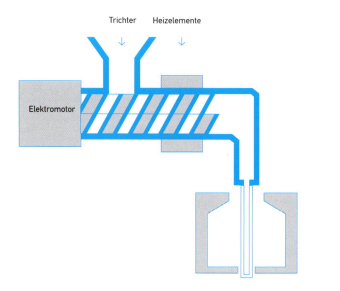

Herstellungsverfahren
143

Extrudieren

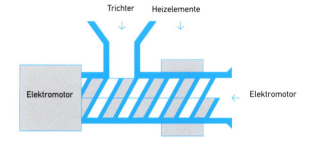

Extrudieren von Blasfolie

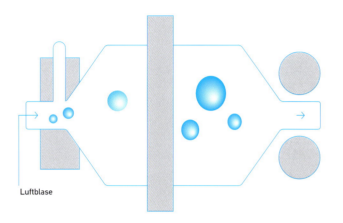

Spritzgießverfahren

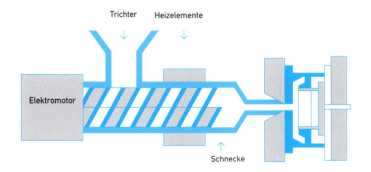

Warmformen

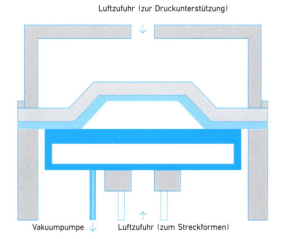

Technische Informationen

144

Thermoplaste

Name	Markenname	Anwendungen	Eigenschaften
Acryl PMMA	Perspex Diakon Oroglas Plexiglas	Schilder, Sichtfenster, Rücklichtoptik, Displays für Prospekte, Beleuchtungsdiffusoren, Hi-Fi-Staubschutz	Hart, starr, glasklar, glänzend, wetterbeständig, hervorragend geeignet für Warmformen, Gießverfahren und Herstellung
Aramidfaser	Kevlar®	Luft- und Raumfahrtbauteile, Faserverstärkung, Hochtemperaturbeständige Schaumstoffe, chemische Fasern und Lichtbogen-Schweißbrenner	Starr, hochfest, undurchsichtig, außergewöhnliche thermische und elektrische Eigenschaften (bis zu 480°C), resistent gegenüber ionisierender Strahlung, hohe Kosten
Acrylnitril- Butadien-Styrol ABS	Lustran Magnum Novodur Teluran Ronfalin	Telefonhörer, Hartschalenkoffer, Gehäuse für Haushaltsgeräte (Mixer), galvanische Teile, Kühlerschutzgitter, Griffe, Computergehäuse	Starr, undurchsichtig, glänzend, robust, gute Eigenschaften bei Niedrigtemperaturen, gute Maßhaltigkeit, leicht zu galvanisieren, geringe Fließdehnung
Cellulose CA, CAB, CAP, CN	Dexel Tenite	Brillengestelle, Zahnbürsten, Werkzeuggriffe, Klarsichteinschlagfolie, metallisierte Teile (Reflektoren, etc.), Tintenpatronen	Starr, transparent, robust (sogar bei niedrigen Temperaturen), geringe elektrostatische Aufladung, leicht zu formen und relativ geringer Kostenaufwand
Ethylen- Vinylacetat EVA	Evatane	Baby-Sauger, Handgriffe, flexibles Schlauchmaterial, Mitnehmermatten für Plattenspieler-Drehteller, Bierleitungen, Staubsaugerschläuche	Flexibel (gummiartig), transparent, gute Flexibilität bei niedrigen Temperaturen (–70°C), gute Chemikalienbeständigkeit, hoher Reibungskoeffizient
Fluorcarbonplast PTFE, FEP	Fluon Hostaflon Teflon	Antihaftbeschichtung, Dichtungen, Abdichtungen, elektrische und medizinische Anwendungen für hohe und niedrige Temperaturen, Laborausstattungen, Pumpenteile, Gewinde- dichtungsband, Lager	Halbstarr, durchscheinend, außergewöhnlich niedrige Reibungseigenschaften, überlegene Chemikalien- beständigkeit, schimmel- und bakterienundurchlässig, temperaturbeständig bei hohen (260°C) und niedrigen Temperaturen (–160°C), gute Wetterbeständigkeit und gute elektrische Eigenschaften
Nylon (Polyamide) PA	Rilsan Trogamid T Zytel® Ultramid Akulon	Zahnräder, Reißverschlüsse, Druck-Schlauch- material, Chemiefasern, Lager (vor allem für Nahrungsmittelverarbeitungsmaschinen), Muttern und Schrauben, Küchengeräte, Elektrostecker, Kämme, Sperrketten	Starr, durchscheinend, robust, kriechfest, resistent gegenüber Treibstoffen, Ölen, Fetten und den meisten Lösungsmitteln, kann durch Wasserdampf sterilisiert werden
Polyacetal POM	Delrin® Kematal	Gewerbliche mechanische Teile, Niederdruckgefäße, Aerosolventile, Spulenkörper, Uhrteile, Kernenergietechnik-Bauteile, Installationssysteme, Schuhteile	Starr, durchscheinend, robust, Federeigenschaften, gute Spannungsrelaxationsbeständigkeit, gute Verschleißeigenschaften und elektrische Eigenschaften, kriechfest und resistent gegenüber organischen Lösungsmitteln

Physikalische Eigenschaften			Hersteller	Chemikalienbeständigkeit		Kosten
Dehngrenze	2.9–3.3	N/mm²	ICI	Verdünnte Säure	****	xx
Kerbschlagzähigkeit	1.5–3.0	Kj/m²	ICI	Verdünnte Alkalis	****	
Längenausdehnungskoeffizient	60–90	x 10⁶	Elf Atochem	Öle und Schmierfette	****	
Maximale konstante Anwendungstemp.	70–90	°C	Rohm	Aliphatischer Kohlenwasserstoff	**	
Spezifisches Gewicht	1.19			Aromatische Kohlenwasserstoffe	*	
				Halogenkohlenwasserstoffe	*	
				Alkohole	****	
Dehngrenze	–	N/mm²	DuPont	Verdünnte Säure	–	xxx
Kerbschlagzähigkeit	–	Kj/m²		Verdünnte Alkalis	–	
Längenausdehnungskoeffizient	–	x 10⁶		Öle und Schmierfette	–	
Maximale konstante Anwendungstemp.	–	°C		Aliphatischer Kohlenwasserstoff	–	
Spezifisches Gewicht	–			Aromatische Kohlenwasserstoffe	–	
				Halogenkohlenwasserstoffe	–	
				Alkohole		
Dehngrenze	1.8–2.9	N/mm²	Bayer	Verdünnte Säure	****	x
Kerbschlagzähigkeit	12–30.	Kj/m²	Dow	Verdünnte Alkalis	****	
Längenausdehnungskoeffizient	70–90	x 10⁶	Bayer	Öle und Schmierfette	****	
Maximale konstante Anwendungstemp.	80–95	°C	BASF	Aliphatischer Kohlenwasserstoff	**	
Spezifisches Gewicht	1.04–1.07		DSM	Aromatische Kohlenwasserstoffe	*	
				Halogenkohlenwasserstoffe	*	
				Alkohole	*	
Dehngrenze	0.5–4.0	N/mm²	Courtaulds	Verdünnte Säure	**	xx
Kerbschlagzähigkeit	2.0–6.0	Kj/m²	Eastman Chemical	Verdünnte Alkalis	*	
Längenausdehnungskoeffizient	80–180	x 10⁶		Öle und Schmierfette	****	
Maximale konstante Anwendungstemp.	45–70	°C		Aliphatischer Kohlenwasserstoff	****	
Spezifisches Gewicht	1.15–1.35			Aromatische Kohlenwasserstoffe	*	
				Halogenkohlenwasserstoffe	*	
Dehngrenze	0.05–0.2	N/mm²	Elf Atochem	Verdünnte Säure	****	x
Kerbschlagzähigkeit	bf.	Kj/m²		Verdünnte Alkalis	****	
Längenausdehnungskoeffizient	160–200	x 10⁶		Öle und Schmierfette	***	
Maximale konstante Anwendungstemp.	55–65	°C		Aliphatischer Kohlenwasserstoff	****	
Spezifisches Gewicht	0.926–0.950			Aromatische Kohlenwasserstoffe	*	
				Halogenkohlenwasserstoffe	*	
				Alkohole	****	
Dehngrenze	0.35–0.7	N/mm²	ICI	Verdünnte Säure	****	xxx
Kerbschlagzähigkeit	13–bf.	Kj/m²	Ticoma	Verdünnte Alkalis	****	
Längenausdehnungskoeffizient	120	x 10⁶	DuPont	Öle und Schmierfette	****	
Maximale konstante Anwendungstemp.	205–250	°C		Aliphatischer Kohlenwasserstoff	****	
Spezifisches Gewicht	2.14–2.19			Aromatische Kohlenwasserstoffe	****	
				Halogenkohlenwasserstoffe	* variabel	
				Alkohole	****	
Dehngrenze	2.0–3.4	N/mm²	Elf Atochem	Verdünnte Säure	*	xx
Kerbschlagzähigkeit	5.0–6.0	Kj/m²	Vestolit	Verdünnte Alkalis	***	
Längenausdehnungskoeffizient	70–110	x 10⁶	DuPont	Öle und Schmierfette	****	
Maximale konstante Anwendungstemp.	80–120	°C	BASF	Aliphatischer Kohlenwasserstoff	****	
Spezifisches Gewicht	1.13		DSM	Aromatische Kohlenwasserstoffe	****	
				Halogenkohlenwasserstoffe	*** variabel	
				Alkohole	*	
Dehngrenze	3.4	N/mm²	DuPont	Verdünnte Säure	*	xx
Kerbschlagzähigkeit	5.5–12	Kj/m²	Ticona	Verdünnte Alkalis	****	
Längenausdehnungskoeffizient	110	x 10⁶		Öle und Schmierfette	*** variabel	
Maximale konstante Anwendungstemp.	90	°C		Aliphatischer Kohlenwasserstoff	****	
Spezifisches Gewicht	1.41			Aromatische Kohlenwasserstoffe	*** variabel	
				Halogenkohlenwasserstoffe	*****	

Schlüssel: bf. = bruchfest *gering **mäßig ***gut ****sehr gut

Technische Informationen

146

Name	Markenname	Anwendungen	Eigenschaften
Polycarbonat PC	Calibre Lexan Makrolon Xantar	CD´s, Kampf-Schutzschilder, bruchsichere Verglasung, Babytrinkflaschen, Schutzhelme, Scheinwerfer, Kondensatoren	Starr, transparent, überragende Schlagfestigkeit (bis –150°C), gute Wetterbeständigkeit, gute Maßhaltigkeit, dielektrische Eigenschaften, flammbeständig
Polyester (Thermoplastische) PETP, PBT, PET	Beetle Melinar Rynite Mylar Arnite	Flaschen für kohlensäurehaltige Getränke, gewerbliche mechanische Teile, Chemiefasern, Video- und Audiokassetten, Mikrowellengeräte	Starr, klar, extrem robust, gute Kriechfestigkeit und Ermüdungs- beständigkeit, temperaturbeständig im Bereich von –40°C bis 200°C, wird unter Erwärmung nicht weich
Polyethylen (Hohe Dichte) HDPE	Hostalen Lacqtene Lupolen Rigidex Stamylan	Chemikalienfässer, Reservekanister, Spielzeug, Picknick-Zubehör, Haushalts- und Küchengeschirr, Kabelisolierung, Tragetaschen, Lebensmittelverpackungsmaterial	Flexibel, durchscheinend/ wächsern, witterungsbeständig, gute Niedrigtemperaturbeständigkeit (bis –60°C), leicht durch die meisten Fertigungsverfahren herzustellen, niedrige Kosten, gute Chemikalienbeständigkeit
Polyethylen (niedrige Dichte) LDPE, LLDPE	BP Polyethylene Dowlex Eltex	Sportlerflaschen, Spielzeug, Hochfrequenzisolierung, Chemikalientankleitungen, strapazierfähige Säcke, allgemeine Verpackungen, Gas- und Wasserrohre	Halbstarr, durchscheinend, sehr robust, wetterfest, gute Chemikalienbeständigkeit, geringe Wasserdurchlässigkeit, leicht durch die meisten Fertigungs- verfahren herzustellen, niedrige Kosten
Stamylan PP PP	Hostalen Moplen Novolen Stamylan PP	sterilisierbare Krankenhausprodukte, Seile, Autobatteriebehälter, Sitzschalen, formintegrierte Gelenke, Verpackungsfolien, elektrische Kessel, Auto- stoßstangen und Innenverkleidungsteile, Videokassettenhüllen	Halbstarr, durchscheinend, gute Chemikalienbeständigkeit, robust, gute Ermüdungsbeständigkeit, formintegrierte Gelenke
Polystyrol PS	BP Polystyrene Lacqrene Polystyrol Styron P	Spielsachen und Neuheiten, feste Verpackungen, Kühlschrankablagen und -kästen, Kosmetikboxen und Modeschmuck, Lichtdiffusoren, Audio- kassetten- und CD-Hüllen	Spröde, starr, transparent, geringer Schwund, niedrige Kosten, hervorragende Röntgenstrahlen- beständigkeit, geruch- und geschmacklos, leicht zu verarbeiten
Polystyrol (Hochschlagfest) HIPS	BP Polystyrene Lacqrene Polystyrol Styron	Joghurtbecher, Kühlschrankfächer, Automatenbecher, Badezimmerschränke, Toilettensitze und Spülkästen, Verschlüsse, Armaturen-Kontrollknöpfe	Hart, starr, durchscheinend, Schlagfestigkeit bis zu 7 x GPPS
Polysulfon (Familie) PES, PEEK	Udel Ultrason Victrex PEEK	Anwendungen bei hohen und niedrigen Temperaturen, Mikrowellenroste, elektro-/gekühlte chirurgische Instrumente, Luft- und Raumfahrtbatterien,	Außergewöhnliche Oxidationsbeständigkeit bei hohen Temperaturen (–200°C bis +300°C) starr, hohe Kosten, erfordert spezielle Herstellungsverfahren

Technische Informationen 147

Physikalische Eigenschaften			Hersteller	Chemikalienbeständigkeit		Kosten
Dehngrenze	2.4	N/mm^2	Dow	Verdünnte Säure	***	xx
Kerbschlagzähigkeit	60–80	Kj/m^2	GE Plastics	Verdünnte Alkalis	***	
Längenausdehnungskoeffizient	67	x 10^6	Bayer	Öle und Schmierfette	****	
Maximale konstante Anwendungstemp.	125	°C	DSM	Aliphatischer Kohlenwasserstoff	**	
Spezifisches Gewicht	1.2			Aromatische Kohlenwasserstoffe	*	
				Halogenkohlenwasserstoffe	*	
				Alkohole	–	
Dehngrenze	2.5	N/mm^2	BIP	Verdünnte Säure	****	xx
Kerbschlagzähigkeit	1.5–3.5	Kj/m^2	DuPont	Verdünnte Alkalis	**	
Längenausdehnungskoeffizient	70	x 10^6	DuPont	Öle und Schmierfette	****	
Maximale konstante Anwendungstemp.	70	°C	DuPont	Aliphatischer Kohlenwasserstoff	****	
Spezifisches Gewicht	1.37		DSM	Aromatische Kohlenwasserstoffe	**	
				Halogenkohlenwasserstoffe	**	
				Alkohole	****	
Dehngrenze	0.20–0.40	N/mm^2	Hoechst	Verdünnte Säure	****	x
Kerbschlagzähigkeit	bf.	Kj/m^2	Atochem	Verdünnte Alkalis	****	
Längenausdehnungskoeffizient	100–220	x 10^6	BASF	Öle und Schmierfette	**variabel	
Maximale konstante Anwendungstemp.	65	°C	BP Chemicals	Aliphatischer Kohlenwasserstoff	*	
Spezifisches Gewicht	0.944–0.965		HD DSM	Aromatische Kohlenwasserstoffe	*	
				Halogenkohlenwasserstoffe	*	
				Alkohole		
Dehngrenze	0.20–0.40	N/mm^2	BP Chemicals	Verdünnte Säure	****	x
Kerbschlagzähigkeit	bf.	Kj/m^2	Dow	Verdünnte Alkalis	****	
Längenausdehnungskoeffizient	100–220	x 10^6	Solvay Chemical	Öle und Schmierfette	**variabel	
Maximale konstante Anwendungstemp.	65	°C		Aliphatischer Kohlenwasserstoff	*	
Spezifisches Gewicht	0.917–0.930			Aromatische Kohlenwasserstoffe	*	
				Halogenkohlenwasserstoffe	*	
				Alkohole	****	
Dehngrenze	0.95–1.30	N/mm^2	Targor	Verdünnte Säure	****	x
Kerbschlagzähigkeit	3.0–30.0	Kj/m^2	Montell	Verdünnte Alkalis	****	
Längenausdehnungskoeffizient	100–150	x 10^6	BASF	Öle und Schmierfette	**variabel	
Maximale konstante Anwendungstemp.	80	°C	DSM	Aliphatischer Kohlenwasserstoff	*	
Spezifisches Gewicht	0.905			Aromatische Kohlenwasserstoffe	*	
				Halogenkohlenwasserstoffe	*	
				Alkohole	****	
Dehngrenze	2.30–3.60	N/mm^2	BP Chemicals	Verdünnte Säure	***variabel	x
Kerbschlagzähigkeit	2.0–2.5	Kj/m^2	Atochem	Verdünnte Alkalis	****	
Längenausdehnungskoeffizient	80	x 10^6	BASF	Öle und Schmierfette	*** variabel	
Maximale konstante Anwendungstemp.	70–85	°C	Dow	Aliphatischer Kohlenwasserstoff	****	
Spezifisches Gewicht	1.05			Aromatische Kohlenwasserstoffe	*	
				Halogenkohlenwasserstoffe	*	
				Alkohole	** variabel	
Dehngrenze	2.20–2.70	N/mm^2	BP Chemicals	Verdünnte Säure	**	x
Kerbschlagzähigkeit	10.0–20.0	Kj/m^2	Atochem	Verdünnte Alkalis	****	
Längenausdehnungskoeffizient	80	x 10^6	BASF	Öle und Schmierfette	**	
Maximale konstante Anwendungstemp.	60–80	°C	Dow	Aliphatischer Kohlenwasserstoff	****	
Spezifisches Gewicht	1.03–1.06			Aromatische Kohlenwasserstoffe	*	
				Halogenkohlenwasserstoffe	*	
				Alkohole	* variabel	
Dehngrenze	2.10–2.40	N/mm^2	Amoco	Verdünnte Säure	****	xxx
Kerbschlagzähigkeit	40.0–bf.	Kj/m^2	BASF	Verdünnte Alkalis	****	
Längenausdehnungskoeffizient	45–83	x 10^6	Victrex	Öle und Schmierfette	****	
Maximale konstante Anwendungstemp.	160–250	°C		Aliphatischer Kohlenwasserstoff	** variabel	
Spezifisches Gewicht	1.24–1.37			Aromatische Kohlenwasserstoffe	*	
				Halogenkohlenwasserstoffe	*	
				Alkohole	****	

Schlüssel: bf. = bruchfest *gering **mäßig ***gut ****sehr gut

Technische Informationen

148

Name	Markenname	Anwendungen	Eigenschaften
Polyvinyl- chlorid PVC	Solvic Evipol Norvinyl Lacovyl	Fensterrahmen, Abflußrohre, Bedachungsbleche, Kabel- und Drahtisolierung, Fußbodenfliesen, Schlauchrohre, Schreibwaren-Schutzhüllen, Schuhmode, Frischhaltefolie, Kunstledertücher	Starr oder flexibel, klar, dauerhaft, wetterbeständig, flammbeständig, gute Schlagfestigkeit, gute elektrische Isolierungseigenschaften, begrenztes Leistungsverhalten bei niedrigen Temperaturen
Polyurethan (Thermoplastisch) PU		Sohlen und Absätze für Sportschuhe, Hammerköpfe, Abdichtungen, Dichtungen, Skateboard-Räder, Kunstleder, leise laufender Zahnradantrieb	Flexibel, klar, elastisch, abnutzungs- beständig, dicht

Duroplaste

Name	Markenname	Anwendungen	Eigenschaften
Epoxide EP	Araldite Crystic Epicote	Klebstoffe, Beschichtungen, Verkapselung/Ummantelung, elektrische Bauteile, Herzschrittmacher, Anwendungen in der Luft- und Raumfahrt	Starr, klar, sehr robust, chemikalien- beständig, gute Klebeeigenschaften, geringe Aushärtung, geringer Schwund
Melamine/ Harnstoffe (Amine) MF, UF	Beetle Scarab	Dekorationsschichtstoffe, Beleuchtungszubehör, Tafelgeschirr, Hochleistungselektrik, Laminierharze, Oberflächen- beschichtungen, Flaschenverschlußkappen, Toilettensitze	Hart, undurchsichtig, robust, kratzfest, selbstlöschend, frei von Flecken und Geruch, breite Farbauswahl, resistent gegenüber Reinigungsmittel und Lösungsmitteln der chemischen Reinigung
Phenole PF	Cellobond	Aschenbecher, Lampenfassungen, Flaschenverschlußkappen, Stieltopf-Griffe, Haushaltsstecker und -schalter, Spannzangen und Teile von elektrischen Bügeleisen	Hart, porös, undurchsichtig, guter elektrischer Widerstand und gute Wärmebeständigkeit, guter Widerstand gegenüber Verformung unter Last, niedrige Kosten, beständig gegenüber den meisten Säuren
Polyester (ungesättigt) SMC, DMC, GRP	Beetle Crystic Synoject	Schiffsrümpfe, Bauplatten, LKW-Führerhäuser, Kompressorengehäuse, Umhüllungen, Beschichtungen	Starr, klar, chemikalienbeständig, hochfest, geringe Kriecheigenschaften, gute elektrische Eigenschaften, schlagfest bei Niedrigtemperaturen, niedrige Kosten
Polyurethan (gegossene Elastomere) EP		Druckwalzen, Vollgummireifen, Räder, Schuhabsätze, Auto-Stoßstangen, (besonders geeignet für Produktionsläufe mit geringen Stückzahlen)	Elastisch, verschleißfest und chemikalienbeständig, gasfest, kann in vielen verschiedenen Härten hergestellt we

Technische Informationen
149

Physikalische Eigenschaften			Hersteller	Chemikalienbeständigkeit		Kosten
Dehngrenze	2.6	N/mm²	Solvay Chemical	Verdünnte Säure	****	x
Kerbschlagzähigkeit	2.0–45	Kj/m²	EVC	Verdünnte Alkalis	****	
Längenausdehnungskoeffizient	80	x 10⁶	Hydro Polymers	Öle und Schmierfette	*** variabel	
Maximale konstante Anwendungstemp.	60	°C	Elf Atochem	Aliphatischer Kohlenwasserstoff	****	
Spezifisches Gewicht	1.38			Aromatische Kohlenwasserstoffe	*	
				Halogenkohlenwasserstoffe	** variabel	
				Alkohole	*** variabel	
Dehngrenze	–	N/mm²		Verdünnte Säure	–	xx
Kerbschlagzähigkeit	–	Kj/m²		Verdünnte Alkalis	–	
Längenausdehnungskoeffizient	–	x 10⁶		Öle und Schmierfette	–	
Maximale konstante Anwendungstemp.	–	°C		Aliphatischer Kohlenwasserstoff	–	
Spezifisches Gewicht	–			Aromatische Kohlenwasserstoffe	–	
				Halogenkohlenwasserstoffe	–	
				Alkohole	–	
Dehngrenze	–	N/mm²	Ciba Geigy	Verdünnte Säure	–	xxx
Kerbschlagzähigkeit	–	Kj/m²	Scott Bader	Verdünnte Alkalis	–	
Längenausdehnungskoeffizient	–	x 10⁶	Shell	Öle und Schmierfette	–	
Maximale konstante Anwendungstemp.	–	°C		Aliphatischer Kohlenwasserstoff	–	
Spezifisches Gewicht	–			Aromatische Kohlenwasserstoffe	–	
				Halogenkohlenwasserstoffe	–	
				Alkohole	–	
Dehngrenze	–	N/mm²	BIP Chemicals	Verdünnte Säure	–	x
Kerbschlagzähigkeit	–	Kj/m²	BIP Chemicals	Verdünnte Alkalis	–	
Längenausdehnungskoeffizient	–	x 10⁶		Öle und Schmierfette	–	
Maximale konstante Anwendungstemp.	–	°C		Aliphatischer Kohlenwasserstoff	–	
Spezifisches Gewicht	–			Aromatische Kohlenwasserstoffe	–	
				Halogenkohlenwasserstoffe	–	
				Alkohole	–	
Dehngrenze	–	N/mm²	BP Chemicals	Verdünnte Säure	–	xx
Kerbschlagzähigkeit	–	Kj/m²		Verdünnte Alkalis	–	
Längenausdehnungskoeffizient	–	x 10⁶		Öle und Schmierfette	–	
Maximale konstante Anwendungstemp.	–	°C		Aliphatischer Kohlenwasserstoff	–	
Spezifisches Gewicht	–			Aromatische Kohlenwasserstoffe	–	
				Halogenkohlenwasserstoffe	–	
				Alkohole	–	
Dehngrenze	–	N/mm²	BIP Chemicals	Verdünnte Säure	–	x
Kerbschlagzähigkeit	–	Kj/m²	Scott Bader	Verdünnte Alkalis	–	
Längenausdehnungskoeffizient	–	x 10⁶	Cray Valley	Öle und Schmierfette	–	
Maximale konstante Anwendungstemp.	–	°C		Aliphatischer Kohlenwasserstoff	–	
Spezifisches Gewicht	–			Aromatische Kohlenwasserstoffe	–	
				Halogenkohlenwasserstoffe	–	
				Alkohole	–	
Dehngrenze	–	N/mm²	ICI	Verdünnte Säure	–	xx
Kerbschlagzähigkeit	–	Kj/m²	Shell	Verdünnte Alkalis	–	
Längenausdehnungskoeffizient	–	x 10⁶	Dow	Öle und Schmierfette	–	
Maximale konstante Anwendungstemp.	–	°C		Aliphatischer Kohlenwasserstoff	–	
Spezifisches Gewicht	–			Aromatische Kohlenwasserstoffe	–	
				Halogenkohlenwasserstoffe	–	
				Alkohole	–	

Schlüssel: bf. = bruchfest *gering **mäßig ***gut ****sehr gut

Glossar + Abkürzungen

Blends	Blends können dazu benutzt werden, Kunststoffe mit bestimmten Eigenschaften – die nicht von einem einzelnen Polymer erreicht werden können – maßzuschneidern. Es handelt sich hierbei um eine physikalische Mischung von mindestens zwei Polymeren, um einen Werkstoff zu bilden, der über die Eigenschaften von beiden Materialien verfügen soll. Typische und gebräuchliche Blends enthalten: ABS/PC, ABS/Polyamid, PC/PP PVC/ABS. Blends unterscheiden sich von Copolymeren dadurch, daß sie physikalische Mischungen anstatt chemische Mischungen sind.
Copolymere	Das Mischen von zwei oder drei kompatiblen Monomeren zur Bildung einer neuen chemikalischen Mischung, die dazu verwendet werden kann, einen Werkstoff zu kreieren, der dann eine Kombination aus den Qualitäten beider Monomere in sich vereint. Copolymere unterscheiden sich von Blends dadurch, daß sie keine physikalischen, sondern chemische Mischungen sind.
Duroplaste	Eine der Hauptkategorien für Kunststoffe. Duroplaste werden erst durch Erhitzen und Druckeinwirkung weich und können nicht wiederverwertet werden. Aufgrund dieses Merkmals haben sie nicht dieselbe Verarbeitungsfähigkeit wie Thermoplaste. Im Gegensatz zum thermoplastischen Kunststoff bilden die Moleküle der Duroplaste ein Netzwerk, das die Bewegungen auf den Raum innerhalb der Ketten begrenzt.
Elastizität	Das Ausmaß, in dem ein Material seine Originalform und -größe wiedererlangt, nachdem es deformiert wurde. Dies unterscheidet sich von den Tests über das Verhalten von Kunststoff, die beschreiben, auf welche Art sich ein Werkstoff ausdehnt, ohne sich zu seiner Originalform und -größe zurückzubilden.
Elastomere	Kautschukartige Werkstoffe mit jedoch weit mehr Verarbeitungspotential. Sie können verarbeitet werden wie Duroplaste. Sie mögen sich wie Gummi anfühlen, unterscheiden sich aber durch ihre Fähigkeit, sich zur Originallänge zurückzubilden, nachdem sie deformiert wurden; Kautschuk kann sich viel schneller und einfacher zu seiner Originalform zurückbilden.
Füllstoffe	Faserförmige Werkstoffe wie Glas und Kohle, die erweiterte mechanische Eigenschaften bieten, zum Beispiel Steifigkeit. Nicht-faserförmige Füllstoffe – zum Beispiel Hohlkugeln – können dazu benutzt werden, das Gesamtgewicht eines Teils zu reduzieren.
Härte	Die Fähigkeit eines Werkstoffs, Abdrücken und Kratzern standzuhalten. Die gebräuchlichsten Tests sind die Rockwell- und die Durometer-Härteprüfung, die eingestuft werden in Shore-Härten – von Shore A (weich) bis Shore D (hart). Harte Kunststoffe sind zum Beispiel Melamin, Harnstoff-Formaldehyd-Verbindungen, phenolisches Formaldehyd und PET. Polyethylen niedriger Dichte und Elastomere sind Beispiele für weiche Kunststoffe.
Harze	Allgemein verwendet, um das polymerisierte Grundmaterial zu beschreiben – beispielsweise Polystyrol, ABS – die auch als Polymere bezeichnet werden können.
Kunststoff	Die wahre Definition von Kunststoff beschreibt keinen spezifischen Werkstoff, sondern das Materialverhalten. Allgemeinsprachlich sind Polymere bekannt als Kunststoff aufgrund ihres physikalischen Verhaltens (ihre Form kann leicht verändert werden).
Monomere	Einzelne Moleküle, die, wenn sie miteinander verbunden sind, eine Polymerkette bilden.
Polymer	Eine flexible, lange Kette aus Monomermolekülen mit verschiedenen Eigenschaften, entsprechend der Chemie der Monomere sowie der Form und Größe der Moleküle.
Polyolefine	Diese wichtige Polymergruppe besteht aus Polyethylenen und Polypropylenen. Polyolefine zählen zu den meistproduzierten Kunststoffen der Welt, sie machen etwa 45% der Kunststoffproduktion aus. Zusammen mit Vinyl und Styrol sind Polyolefine als Massenkunststoff klassifiziert.
Schlagfestigkeit	Die Fähigkeit eines Werkstoffs, Energie zu absorbieren. Beim Izod-Test für Schlagbiegefestigkeit wird eine gekerbte Materialprobe einseitig eingespannt, während ein pendelndes Gewicht auf das aufgerichtete, freie Ende aufschlägt, so daß man feststellen kann, an welcher Stelle der Probekörper brechen wird.
Standardkunststoffe	Als weitere Möglichkeit, Kunststoffe voneinander abzugrenzen, kann man sie als technische Kunststoffe und Standardkunststoffe klassifizieren. Standardkunststoffe haben relativ wenig physikalische Eigenschaften und werden allgemein dazu verwendet, preisgünstige Produkte für den täglichen Gebrauch herzustellen. Zu dieser Kategorie gehören Vinyl, Polyolefin und Styrol.
Technische Kunststoffe	Es gibt verschiedene Arten, Kunststoffe zu klassifizieren: Thermoplaste/Duroplaste, nicht kristalline (amorphe) /kristalline. Zusammen mit den Standardkunststoffen sind technische Kunststoffe eine weitere Kategorie. Sie sind gewöhnlich viel teurer, haben überlegene physikalische, chemische und thermische Eigenschaften und werden in Anwendungen mit äußeren Beanspruchungen verwendet. Zu ihnen gehören Acetal, Acryl, Polyamid und Polycarbonat.

Thermoplaste	Eine weitere wichtige Unterteilungsart für Kunststoffe. Ein Material, das unter Einwirkung von Hitze weichgemacht, geschmolzen und unter Druck umgeformt werden kann, ohne daß sich die Eigenschaften ändern. Dies bedeutet, daß Abschnitte und Ausschuß von den Herstellungsprozessen zerschnitten, zerkleinert und wiederverwendet werden können, und Produkte, die daraus hergestellt wurden, können leicht wiederaufbereitet werden. Die Molekülform der Thermoplaste ist linear, deshalb können sie sich unter Hitze- und Druckeinwirkung leicht bewegen.	
Zugfestigkeit	Die maximale Zugbelastung, der ein Werkstoff ausgesetzt werden kann, bevor er bricht.	
Zusatzstoffe	Eine große Anzahl an Substanzen, die bei der Herstellung von Teilen oder für die physikalischen und chemischen Eigenschaften des Endproduktes notwendig sind. Die Zusatzstoffe werden den Grundharzen vom Harz-Zulieferer beigemischt, bevor sie zur Produktionsanlage gelangen. Beispiele für Zusatzstoffe sind UV-Stabilisatoren, antibakterielle Zusatzmittel, Flammenverzögerer, Farbstoffe und Pigmente, farbfotografisches Material, verstärkende Fasern und Weichmacher.	

Abkürzungen					
	ABS	Acrylnitril-Butadien-Styrol	PES	Polyethersulfon	
	ASA	Acrylnitril-Styrol-Acrylat	PET	Polyethylenglykolterephthalat	
	ACS	Acrylnitril-Styrol	PI	Polyimid	
	AES	Acrylnitril-Ethylen-Propylen-Styrol /EP (D) M Kautschuk	PF	Phenol-Formaldehydharze	
	BMC	(Bulk-Moulded Compound) Teigpreßmassen, Kittpreßmassen	PMMA	Polymethylmethacrylat	
	CA	Celluloseacetat	POM	Polyoxymethylen (Polyacetal)	
	CAP	Celluloseacetatpropionat	PP	Polypropylen	
	DMC	(Dough-Moulding Compound) kittartige Formmasse, vgl. BMC	PPE	Polyphenylenether	
	EETPE	Copolyester-Äther-Thermoplastik-Elastomer	PS	Polystyrol	
	EP	Epoxidharz	PSU	Polysulfon	
	EVA	Ethylen-Vinylacetat	PTFE	Polytetrafluorethylen	
	HDPE	Polyethylen hoher Dichte (High-Density Polyethylene)	PU	Polyurethan	
	HIPS	Hochschlagfestes Polystyrol (High-Impact Polystyrene)	PVC	Polyvinylchlorid	
	LDPE	Polyethylen niedriger Dichte (Low-Density Polyethylene)	PVC/PVC	Plastifiziertes Polyvinylchlorid	
	MF	Melamin-Formaldehydharze	SAN	Styrol-Acrylnitril-Copolymere	
	OTPE	Olefinisch Thermoplastisches Elastomer	SB	Styrol-Butadien-Copolymere	
	PA	Polyamid (Nylon)	SBS	Styrol-Butadien-Styrol Block-Copolymer	
	PBT	Polybutylenglykolterephthalat	SI	Silikon	
	PC	Polycarbonat	TPU	Thermoplastisches Polyurethan	
	PE	Polyethylen	TPO	Thermoplastische Olefine	
	PEEK	Polyetheretherketon	UP	Ungesättigte Polyesterharze	

Websites

www.americanplasticscouncil.org

American Plastics Council (APC) ist einer der größten Wirtschaftsverbände der US-Kunststoffindustrie. APC arbeitet daran, die Leistungen des Kunststoffs und der Kunststoffindustrie zu fördern. Er bietet eine Menge an einschlägigen Informationen über alles, was man über Kunststoff wissen muß, inklusive Neuerungen, Ausbildung, Kunststoffe und Umwelt.

www.deutsches-kunststoff-museum.de

Deutsches Kunststoff-Museum

www.materials.org.uk

Das Institute of Materials stellt Werkstoff-Interessierten weltweit seinen umfangreichen akademischen Erfahrungsschatz zur Verfügung und sieht sich als Organ für Werkstoffwissenschaftler und Ingenieure.

www.plastics-museum.com

Hier erfährt man alles, was man schon immer über die Geschichte des Kunststoffs wissen wollte – von 1284 bis zum heutigen Tag. Finden Sie alles heraus über Blut und Sägemehl, Schellack und Bakelit, Bandalasta und Barbie. Dies ist eine ideale Seite für Designer, Sammler, Museumsdirektoren, Konservatoren und Studenten unseres industriellen und kulturellen Kunststoff-Erbes.

www.bpf.co.uk

Die British Plastics Federation ist der Wirtschaftsverband, der die Kunststoffindustrie von Großbritannien und Irland repräsentiert.

www.pras.com

Die Webseite eines Beratungsdienstes für Kunststoff und Kautschuk. Sie bietet auch eine Online-Hilfe für die Suche nach Herstellern in Großbritannien und Irland.

www.polymer-age.co.uk

Kunststoffe und Kautschuk in Großbritannien und Irland. Mit Angaben über Neuerungen der Kunststoffindustrie. Hier werden auch aktuelle Harz-Preise angegeben.

www.vinylinfo.org

Webseite des Vinyl Institute

www.polystyrene.org

Webseite des Polystyrene Packaging Council

www.polyurethane.org

Bund der Polyurethan-Industrie

www.plasticsindustry.org

Webseite der Society of Plastics Industry. Informationen über Herstellungsverfahren, Kunststoffgeschichte, Wirtschaftsstatistiken.

www.4spe.org

Society of Plastics Engineers

www.socplas.org

Society of the Plastics Industry, gegründet 1937. Dies ist der Wirtschaftsverband der Kunststoffindustrie, er repräsentiert den viertgrößten Zweig verarbeitender Industrie in den USA. Die 1.600 Mitglieder des SPI stellen die gesamte Lieferkette der nationalen Kunststoffindustrie dar.

Kunststoffarten

www.ecvm.org

Informationen über PVC

www.vinyl.org

Informationen über Vinyl

www.siliconesolutions.com

Informationen über Silikon

www.appliedsilicone.com

Verwendung von Silikon

www.silicone-rubber.com.tw

Informationen über Silikon-Kautschuk

Ausbildung

www.teachingplastics.org

Informationen über Kunststoff im Schulunterricht

www.psrc.usm.edu

School of Polymers and High Performance Materials (Schule für Polymere und leistungsstarke Werkstoffe) an der University of Southern Mississippi in Hattiesburg, Mississippi. Schauen Sie sich die „macrogalleria of cyberwonderland of polymer fun" und auch das Polyquarium „Polymere aus dem Meer" an.

www.irc.leeds.ac.uk/irc/miscellaneous/faq/faq.htm

Allgemeine Informationen über Kunststoffe

Experten

www.modplas.com

Alles über moderne Kunststoffe vom umfangreichsten, zuverlässigsten und meistgeachteten Informationsdienst, der die weltweite Kunststoffindustrie betreut.

www.inm-gmbh.de

Institut für Neue Materialien

www.apgate.com
Verzeichnis für Industrie und Technologie in Großbritannien und Irland. Das Applegate-Verzeichnis bietet Informationen über mehr als 16.000 Firmen und hat mehr als 20 Millionen Webseiten-Besucher im Jahr. Damit ist es das führende Verzeichnis für die Elektronik-, Maschinenbau-, Kunststoff- und Kautschukindustrie von Großbritannien und Irland.

www.polymer-search.com
PSI ist eine der Polymerindustrie zugeordnete kostenlose Internet-Suchmaschine. Es werden nur Seiten angeboten, die über beachtlichen Inhalt verfügen und in direktem Zusammenhang mit Kautschuk, Kunststoff oder Klebstoffen stehen.

www.rapra.com
Rapra Technology ist Europas führende, unabhängige Kunststoff- und Kautschuk-Unternehmensberatung. Rapra bietet umfassende Unternehmensberatungs-, Technologie- und Informationsservices für die Polymerindustrie und solche Industriezweige an, die Kunststoff und Kautschuk als Bestandteil in Produkten oder Herstellungsverfahren verwenden.

www.matweb.com
MatWeb bietet detaillierte Informationen zu Werkstoffeigenschaften in 20.000 Eintragungen, darunter Metalle (Aluminium, Stahl, etc.), Polymere (Nylon, Polyester, etc.), Keramik und andere technische Werkstoffe.

www.ecomplastics.com
Seit 87 Jahren versorgt Ridout Plastics/Clear Presentations die Welt mit Kunststoffen und Spezialanfertigungen auf besondere Auftragserteilung. Die Kernkompetenz von Ridout Plastics ist die Fähigkeit, Probleme von Kunden, die Kunststoffe verwenden, innovativ zu lösen.

www.tangram.co.uk/index.htm
Tangram Technology bietet Beratung und Kunststofftechnik, hochqualifizierte Ausbildung, technische Schriften, Änderungsmanagement, Produktdesign und Kundendienst für alle Bereiche der Kunststoffprodukt- und Fensterindustrie.

www.plastics.com
Kunststoffunternehmen und allgemeine Informationen über Kunststoffe.

www.plasticsnet.com
Leicht zu bedienende Suchmaschine für Kunststoffprodukte in den USA.

www.polymers-center.org
Wenn Sie Produkte aus Kunststoff oder Kautschuk verarbeiten, herstellen, kaufen, entwerfen oder Werkstoffe testen oder technische Unterstützung für Kunststoff- oder Kautschukprodukte benötigen, kann das Polymers Center of Excellence Ihnen dabei helfen, Kosten zu senken und die Produktivität zu steigern.

wwwo.noch

www.amiplastics.com

AMI ist Europas größter Marktforschungsberater, der Recherche, Beratung und analytische Dienstleistungen für die weltweite Kunststoffindustrie anbietet. Abgesehen davon ist AMI auch ein Hauptverleger von kommerziellen und technischen Informationen der Kunststoffindustrie

Kunststoffhersteller

www.glscorporation.com

GLS ist ein kundenorientiertes Vertriebsunternehmen für weiche, flexible thermoplastische Elastomere für Spritzgießverfahren und Extrusionsverfahren. Diese einzigartigen Produkte werden Designern für ergonomische, nachgiebige und flexible Anwendungen angeboten. Die Hauptmärkte sind Sportartikel, Haushaltswaren, Eisenwaren, Verpackungen, Körperpflegeprodukte, Medizin und allgemeines Gewerbe.

www.lnp.com

LNP produziert kostengünstige, leistungsstarke thermoplastische Verbindungen. Ihr Ziel ist es, den Kunden beim Verfeinern der Effekte von Grundharzen – durch elektrische und thermische Leistungen, Schlüpfrigkeit, strukturelle Festigkeit, Maßhaltigkeit und Farbgenauigkeit – behilflich zu sein.

www.eastman.com

Die Eastman Chemical Company (NYSE: EMN – Aktienbörse New York, Firmenzeichen EMN) ist ein führendes internationales Chemieunternehmen, das mehr als 400 Chemikalien, Fasern und Kunststoffe herstellt. Eastman ist der weltweit größte Zulieferer für Beschichtungen von Rohmaterialien.

www.bayerus.com/plastics/products/index.html

Webseite der Bayer Polymer-Abteilung

www.asresin.com

Honeywell Engineered Applications & Solutions ist ein Zulieferer für Nylon und PET-Harze. Auf dieser Website bekommen Sie alle notwendigen Informationen über die Auswahl von Harzen, die Auftragserteilung, die Fehlersuche in Ihrer Fertigung, das Entwickeln neuer Ideen, Lehrstoff über die Technologien, Hilfe für Ihr Design und können Tests über das Leistungsverhalten Ihrer Anwendungen veranlassen.

www.basf.com/businesses/polymers/plastics

BASF Polymer-Seite

www.ashleypoly.com

Ashley Polymers bietet eine große Auswahl an technischen Harzen, angefangen bei Premium-Reihen bis hin zu kostengünstigen Werkstoffen

www.nowplastics.com

NOW Plastics ist ein Dienstleistungsunternehmen, das praktisch jede Art von Kunststoffolie oder Verpackungsmaterial weltweit auffinden, vermarkten, finanzieren, lagern und transportieren kann.

www.vink.com/index.html

Eines der breitesten Sortimente an Kunststoff-Halbzeug innerhalb Europas. Kunststoffprodukte in grundlegenden Formen wie Bogen, Folien und Blöcke sowie auch Röhren und Zubehör.

www.Plastics-car.com

Kunststoffanwendungen für Autos

www.finishingsearch.com

Suchmaschine für Farbe, Pulver und Veredlung

www.plasticsnet.matweb.com/tradename.htm

Hervorragend geeignet zur Suche von Markennamen und Kunststoffherstellern.

www.novachem.com/ourproducts/styrenics.cfm

Die NOVA Chemicals Corporation mit dem Hauptsitz in Calgary, Alberta/Kanada, ist ein auf chemische Rohstoffe konzentriertes Unternehmen, das an 18 verschiedenen Orten in den USA, Kanada, Frankreich, den Niederlanden und Großbritannien Styrole und Olefine/Polyolefine herstellt.

www.v-tec.com

Zulieferer von Hartbeschichtungen, UV-getrockneten Beschichtungen, wetterfesten Beschichtungen, Anti-Nebel-, Metallic-, elektrostatikzerstreuenden, antistatischen, blendfreien, UV-strahlenblockierenden, laserstrahlenblockierenden und photochromischen Beschichtungen.

www.solaractiveintl.com

Produkte, die durch die Einwirkung von Sonnenlicht ihre Farbe ändern.

www.davisliquidcrystals.com

Farbändernde Polymere

www.distrupol.com

Distrupol ist führend im Vertrieb von Polymeren in ganz Europa und Partner von einigen der besten Polymerhersteller der Welt.

www.burallplastec.com

Spezialisten für das Bedrucken von Kunststoff und Hersteller von Kunststoffbogenmaterial.

www.medicalrubber.se

Medical Rubber entwickelt und produziert Präzisionsformteile – nach Angaben des Kunden – aus flüssigem Silikonkautschuk und thermoplastischen Elastomeren (TPE). Ihr Tätigkeitsfeld erstreckt sich auf zwei Gebiete, das Gesundheitswesen, wozu auch die Erzeugung steriler Räume gehört, und den gewerblichen Bereich.

Websites

www.interactivecolors.com
Die erste Firma, die thermochromische Offsetdruckfarbe entwickelt hat, welche – nach ein paar geringfügigen Änderungen – auch mit bereits vorhandenen Offsetdruckmaschinen kompatibel ist.

www.plasticmaterials.com
Plastic Materials for Industry versorgt harzverarbeitende Unternehmen mit hochwertigen, fabrikneuen Harzen.

www.sdplastics.com
San Diego Plastics, Inc. ist ein Vertriebsunternehmen für Kunststoffbogen, -stangen, -röhren und -folien. Es werden geformte, gefräste oder nach Angaben des Kunden gefertigte Teile angeboten sowie Phenolharzbogen und Teflonröhren nebst Zubehör.

www.globalcomposites.com
Global Composites ist eine weltweiter Verband, der darauf eingerichtet ist, den Einsatz von Verbundwerkstoffen zwischen der Verbundwerkstoffindustrie und anderen Industriebereichen (Luftfahrt-, Fahrzeug- und Bauindustrie) zu erleichtern.

www.dielectrics.com/do.html
Dielectrics Industries kreiert, entwickelt und fertigt Komponenten und Endprodukte auf der Grundlage eines Fertigungsvertrags durch Einsatz von Folien, Laminaten und speziellen Leistungswerkstoffen. Die Komponenten und fertigen Produkte enthalten üblicherweise RF-geschweißte Blasen, die entweder mit Luft, einer Flüssigkeit oder einem Gel gefüllt sind.

www.dow.com/plastics/index.htm
Dow Plastics bietet eine der umfangreichsten Sortimente an Thermoplasten und Duroplasten weltweit. Als einer der führenden Hersteller von Polyethylen, Polystyrol und Polyurethanen bieten sie auch technisierte Kunststoffe wie ABS und Polycarbonat, Polypropylen und anderes.

www.sealedair.com
Die Sealed Air Corporation ist einer der weltweit führenden Hersteller von Werkstoffen und Systemen für Schutz-, Geschenk- und Lebensmittelverpackungen für frische Nahrungsmittel auf den Industrie-, Nahrungsmittel- und Verbrauchermärkten.

www.vtsdoeflex.co.uk
VTS Doeflex ist auf die Produktion einer breiten Auswahl an thermoplastischen Werkstoffen für Thermoformverfahren, Herstellung und Druck spezialisiert.

www.vitathermoplasticsheet.com
VTS – Vita Thermoplastic Sheet – ist der Kunststoffbogenbetrieb von British Vita PLC. British Vita ist eine der wichtigsten Firmen mit weltweiten Anteilen im Bereich Schaumstoffe, Fasern, Kunststoffmischungen und Bogen.

www.plaslink.com
Ein britisches Unternehmen – die All Plastic Part & Product Database – ermöglicht Designern und Herstellern die Suche nach spezifischen Produkten und Kunststoffteilen.

www.apme.org
APME ist die Stimme der kunststoffverarbeitenden Industrie, sie repräsentiert mehr als 40 Mitgliedsunternehmen, die mehr als 90% der westeuropäischen Polymerproduktionskapazität vertreten.

Kunststoffe und Umwelt

www.plasticsresource.com
Informationen über Kunststoffe und die Umwelt, Naturschutz, Recycling etc.

www.plasticsinfo.org
Kunststoffe und Gesundheit

www.recoup.org
Die Haushaltskunststoffbehälter-Recyclingorganisation von Großbritannien. Werbebroschüren und Bildungsprogramme über die Wiederaufbereitung von benutzten Kunststoffbehältern in Großbritannien.

www.plasticx.com
Ein kostenloser, weltweiter elektronischer Informationsaustausch-Service für Kunststoffabfallrecycling.

www.home-recycling.org
Müllbewußtsein im Haushalt. Eine Übersicht an Tips und Hinweisen zu Abfallreduzierung und Recycling.

www.n6recycling.com
Wiederverwerter von Nylon

www.iavicopolymers.com
Hilft Firmen beim Recycling großer Abfallmengen.

www.cawalker.co.uk
Kunststoff-Recycling

Danksagungen
156

S. 4–5, with thanks and acknowledgement to Bobo Designs; S. 6–7 coat hanger, with thanks and acknowledgement to Marc Newson Ltd.; S. 8 3D Lamp, with thanks and acknowledgement to Francois Azambourg and Valorisation de l'Innovation dans l'Ameublement; S. 14 Quoffee stool, with thanks and acknowledgement to Rainer Spehl; S. 15 Traffic cone, with thanks and acknowledgement to Swintex Ltd.; S. 16–17 Orgone chair, with thanks and acknowledgement to Mark Newson Ltd.; S. 18 MAXiM bench, with thanks and acknowledgement to Catherine Froment and Valorisation de l'Innovation dans l'Ameublement; S. 19 Pack chair, with thanks and acknowledgement to François Azambourg and Valorisation de l'Innovation dans l'Ameublement; S. 20 Smart Car, with thanks and acknowledgement to Smart Car; S. 22 Oz fridge, with thanks and acknowledgements to Zanussi and Roberto Pezzetta; S. 23 Wee Willie Winkie with thanks and acknowledgement to Chris Lefteri and Dominic Jones; S. 24–25 Bookworm and chair, with thanks and acknowledgement to Ron Arad and Kartell; S. 26 Amazonia vase, with thanks and acknowledgement to Gaetano Pesce and Fish; S. 27 Baja, with thanks and acknowledgement to Michael Van Steenburg and Automotive Design and Composites; S. 28–29 Us.er, with thanks and acknowledgement to Kartell, Alberto Meda and Paulo Rizzatto; S. 30 Light Light chair, with thanks and acknowledgement to Alias S.r.l. and Alberto Meda; S. 31 Miss Blanche chair, with thanks and acknowledgement to The Montreal Museum of Modern Art, USA; S. 34 Australian dollars, with thanks and acknowledgement to The Federal Reserve Bank of Australia, photography by Xavier Young; S. 35 Identity Crisis, with thanks and acknowledgement to Thomas Heatherwick Design, photography by Steve Speller; S. 37 Bento Box, with thanks and acknowledgement to Toni Papaloizou, Chris Lefteri and Mash and Air, UK; S. 38 Netlon, with thanks and acknowledgement to Netlon Ltd. and Alison Lefteri; S. 39 Baladeuse with thanks and acknowledgement to IXI, Izumi Kohama and Xavier Moulin; S. 40–41 Airwave, with thanks and acknowledgement to Bobo Designs, Tanya Dean and Nick Gant; S. 42–43 Pianomo, with thanks and acknowledgement to Shun Ishikawa, Ringo with thanks and acknowledgement to Matthew Jackson, W Table with thanks and acknowledgement to Adrian Tan; S. 45–46 Tummy and Bow bag and Spine Knapsack, with thanks and acknowledgement to Karim Rashid, New York and Issey Miyake, Japan; S. 47 Colourscape, with thanks and acknowledgement to Peter Jones and Colourscape; S. 48 Sicoblock with thanks and acknowledgement to Mazzucchelli, material photographed by Xavier Young, S. 49 Ultra Luz, with thanks and acknowledgement to Marco Souza Santos, Pedro S. Dias and Proto Design; S. 51 Table light, with thanks and acknowledgement to Inflate and Nick Crosbie; S. 52–53 Airmail dress, with thanks and acknowledgement to Hussein Chalayan, photography by Xavier Young; S. 54–55 Corian®, with thanks and acknowledgement to Sheila Fitzjones PR Consultancy, DuPont, Gitta Gschwendtner and Fiona Davidson; S. 58–59 Soft Lamp, with thanks and acknowledgement to Droog Design, Holland and Arian Brekveld; S. 60 Swingline Stapler, with thanks and acknowledgement to Acco and Scott Wilson; S. 61 Screwdriver with thanks and acknowledgement to Acordis, photography by Xavier Young; S. 62–63 Contenants, with thanks and acknowledgement to Dela Lindo; S. 65 Flexilight, with thanks and acknowledgements to Wideloyal Industries Ltd., photography by Xavier Young; S. 66 Posacenere, with thanks and acknowledgement to Kartell and Anna Castelli Ferrieri; S. 67 Radius toothbrush, with thanks and acknowledgements to Radius, photography by Xavier Young; S. 68–69 Not Made by Hand, Not Made in China, with thanks and acknowledgement to Ron Arad and Associates; S. 70 Tasting spoon, with thanks and acknowledgement to Sebastian Bergne; S. 71 Can Can, with thanks and acknowledgement to Alessi and Stefano Giovanonni; S. 72 FABFORCE™ fins, with thanks and acknowledgement to Bob Evans; S. 73 Soapy Joe, with thanks and acknowledgement to W2 and Jackie Piper and Vicki Whitbread; S. 75 'Very' CD case, with thanks and acknowledgement to Parlophone Records and Daniel Weil; S. 76–77 iMac, with thanks and acknowledgement to Jonathon Ive and Apple Computer; S. 78 Will, with thanks and acknowledgement to Ayoshi Co. Ltd; Beer bottles, with thanks and acknowledgement to Miller Brewing Company, photography by Xavier Young; S. 82 Kevlar® Sole with thanks and acknowledgement to DuPont; S. 83 Delrin® clothes pegs, with thanks and acknowledgement to DuPont; S. 84 Technogel® saddle, with thanks and acknowledgement to Selle Royale; S. 86 James doorstop, with thanks and acknowledgement to Klein and More, photography by Xavier Young; S. 87 Light Light, with thanks and acknowledgement to Takeshi Ishiguro, photography by Richard Davis; S. 89 Airwave Bobo designs, with thanks and acknowledgement to Tanya Dean and Nick Gant; S. 90 Hytrel®, with thanks and acknowledgement to DuPont; S. 91 Zytel® Nike shoe, with thanks and acknowledgement to Nike and DuPont; S. 92–93 Lamp, with thanks and acknowledgement to François Azambourg and Valorisation de l'Innovation dans l'Ameublement; S. 94 Security Light, with thanks and acknowledgement to Mark Greene; S. 95 Silly Putty, with thanks and acknowledgements to Silly Putty™, photography by Xavier Young; S. 97 Attila, with thanks and acknowledgement to Rexite Spa and Julian Brown; S. 98 ElecTex™ conference phone, with thanks and acknowledgement to ElecTex™; S. 99 La Mairie, with thanks and acknowledgement to Kartell and Philippe Starck; S. 100–101 Rolatube™, with thanks and acknowledgement to Rolatube™; S. 104–105 Made of Waste, with thanks and acknowledgement to Smile Plastics, photography by Xavier Young; S. 106–107 biodegradable sacks, with thanks and acknowledgement to Symphony Environmental, bag photography by Xavier Young, S. 108–109 Grot, with thanks and acknowledgement to Grot Global Resource Technology, photography by Xavier Young; S. 110–111 Riedizioni bags, with thanks and acknowledgement to Luisa Cevese Riedizioni; S. 112 Remarkable Pencils, with thanks and acknowledgement to Re-markable Pencils Ltd. and Frost Design; S. 116 Maxfli, with thanks and acknowledgement to Dunlop Slazenger; S. 117 Flexboard, with thanks and acknowledgement to Man and Machine Inc.; S. 118–119 Bowling balls, with thanks and acknowledgement to Brunswick; S. 120 Snooker Balls, with thanks and acknowledgement to Aramith® and Saluc S.A.; S. 121 Lockheed F-80C, with thanks and acknowledgement to Airfix and Nicholas Kove, photography by Xavier Young; S. 122–123 Eiffel Tower Jelly, with thanks and acknowledgement to Patrick Cox; Jelly shoes; with thanks and acknowledgement to Pam Langdown; S. 124 Sonata with thanks and acknowledgement to Polypipe Bathroom and Kitchen Products Ltd.; S. 125 Wondelier bowl set, Tupperware, with thanks and acknowledgement to Stewart Grant/Katz Collection; S. 126 Jumo desk lamp, with thanks and acknowledgement to Stewart Grant/Katz Collection; S. 127 Plastic cork with thanks and acknowledgement to Supremecorq®; S. 130–131 Lunch box and drinks bottle, with thanks and acknowledgement to Solar Active™, photography by Xavier Young; S. 132 Visual Effects®, with thanks and acknowledgement to DuPont, photography by Xavier Young; S. 136 Egg cup, with thanks and acknowledgement to Inflate; S. 137 Traffic cone, with thanks and acknowledgement to Swintex Ltd.; Tapis Vert, with thanks and acknowledgement to BOBDESIGN; S. 138 Australian dollar, with thanks and acknowledgement to The Federal Reserve Bank of Australia, photography by Xavier Young; Posacenere, with thanks and acknowledgement to Kartell and Anna Castelli Ferrieri; S. 139 Flexboard, with thanks and acknowledgement to Man and Machine Inc.; S. 140 Orgone chair, with thanks and acknowledgement to Mark Newson Ltd; Swingline Stapler, with thanks and acknowledgement to Acco and Scott Wilson; S. 141 Bento Box, with thanks and acknowledgement to Toni Papaloizou, Chris Lefteri and Mash And Air, UK; S. 143 illustrations by Daniel White.

Danksagungen

Danke

Es gibt so viele Menschen, die mir während des letzten Jahres durch ihre Begeisterung, ihre Ideen und Vorschläge bei diesem ganz besonderen Projekt geholfen haben. Ich möchte meiner Frau Alison meinen Dank aussprechen, die mich stets gelenkt und meine Ideen ausprobiert hat. Mein Dank gilt auch Zara Emerson bei RotoVision, dafür, daß sie von Anfang an Vertrauen in mich gesetzt hat, für ihren erstaunlichen Enthusiasmus und das vollkommene Verständnis für alles, was dieses Buch darstellen sollte und auch dafür, daß sie die beste Lektorin ist, die man sich nur wünschen kann. Tausend Dank auch an Laura Owen und Nicole Mendelsohn für ihre Begeisterung, Unterstützung, Hilfe und Ideen, ohne die ich nicht in der Lage gewesen wäre, dieses Buch rechtzeitig fertigzustellen. Vielen Dank auch fürs Zuhören, wann immer ich in Panik geraten bin. Ben und KC danke ich für ihre Ideen, das Feedback und ihre Freundschaft. An „Little Shoe" – ich liebe dich.

Vielen Dank an Mark, Shun und besonders Odile für die Telefonate nach Frankreich und Japan. Danke auch an Toni, der mich zu diesem Beruf gebracht und mich die letzten 15 Jahre begleitet hat. An den „Materialmann" Alan Baker für all seine Hilfe und Verbindungen. An Piotre für den Kontakt. An Simon B. für seine Unterstützung und dafür, daß er mich nach Hause gehen ließ, um dieses Buch zu schreiben, anstatt in den Pub. Ali, es gab so vieles während der letzten 15 Jahre, wofür ich Dir danke. An Dominik, für seine Freundschaft und das Säen der Idee dieses Buches. An Andrew Wilkins bei DuPont. An Pam Langdown bei The Design Collection am Arts Institute in Bournemouth für die Jelly Shoes. Norman Merry von der British Plastics Federation danke ich dafür, daß er so hilfsbereit war und mir sein Wissen so großzügig zur Verfügung gestellt hat. Ich danke auch allen bei den vielen verschiedenen Firmen, mit denen ich während des letzten Jahres telefoniert habe und die mir ihre unschätzbare technische Hilfe und Unterstützung zuteil werden ließen. Danke an alle Mitglieder meiner Familie.

Index

Abbaubarkeit	107
Abet Laminate	023, 042–043
Abkürzungen	151
ABS, siehe Acrylnitril-Butadien-Styrol	
Acetal	083, 097
Acrylate	031, 040–041, 055, 088, 144–145
Acrylnitril-Butadien-Styrol (ABS)	027, 060, 071, 075, 077, 097
Acrylnitril-Stryrol-Acrylat (ASA)	027
Airfix	121
Airwave (Tisch)	040
Aluminiumbauxit	054–055
Amazonia (Vase)	026
Arad, Ron	024, 025, 068–069
Aramid	
- Faser	082
- Technische Information	144–145
Aramith	120
ASA, siehe Acrylnitril-Styrol-Acrylat	
Atmungsaktivität	084
Attila (Dosenpresse)	097
Aufblasbares PVC	046–047, 051, 092
Authentics	045, 070
Azambourg, François	019, 092–093
Baja	027
Bakelit	126
Baladeuse (Lampe)	039
Bedruckbarkeit	034, 130–131
Bento Box	037
Bergne, Sebastian	044, 070
Billardkugeln	120
Bistabilität	101
Blades, Herbert	082
Blasformen	015, 109, 137
- siehe auch Formverfahren	
Blattbildung	037, 044–045, 053, 055
Blends, Definition	150
Bogen, gestanzt	044–045, 049
Bookworm	024
Brekveld, Adrian	059
Brown, Julian	097
Brunswick Bowlingkugeln	118–119
CA, siehe Celluloseacetat	
Can Can Dosenöffner	071
CAP, siehe Celluloseacetatpropionat	
CD-Hülle	074–075
Cellulose	144–145
Celluloseacetat (CA)	048, 061
Celluloseacetatpropionat (CAP)	067
Cervese, Luisa	110–111
Chemikalien zur Sauerstoffbindung	079
Chemikalienbeständigkeit, Tabellen	145, 147, 149
Colombini, Gino	024
Colourscape	046–047
Copolymere, Definition	150
Corian®	054–055
Cox, Patrick	122–123
Crosbie, Nick	051
Davidson, Fiona	055
Dean, Tanya	040, 088
Diafos	042
Dias, Pedro S.	049
Droog Design	059
Dunlop Slazenger	116
DuPont	054–055, 082, 083, 090, 125, 132
Duroplaste, Definition	15LO
Eastman Chemicals	067
Egawa, Hiroshi	078
Eiffel Tower (Schuh)	122–123
Einfassungen	042
Elastizität, Definition	150
Elastomer	072, 086, 090, 127
Elastomere, Definition	150
Elektrolumineszente Folie	094
Epoxide, technische Information	148–149
Epoxidharz	030
Ethylen-Vinylacetat (EVA)	038
EVA, technische Information	144–145
Evans, Bob	072
Extrudieren	025, 027, 040, 109, 138
- Extrusionsblasformen	137, 142
- Extrusionsblasgeformte Folie	143
Extrudierte Produkte	034, 035, 038, 107
FAB FORCE™	072
Farbwechselnde Polymer-Beschichtung	130–131
Färbefähigkeit	120, 124, 127
Ferrieri, Anna Castelli	066
Feuerhemmung	047
Flachfolien-Herstellungsverfahren	048
Flexboard	117
Flexibilität	015
Flexilight	064–065
Fließvermögen	018
Fluorcarbonplast	144–145
Fluoreszenz	023
Flüssigkristalle	130
Folie, gestanzt	094
Formverfahren	
- Preßverfahren	015, 109, 124, 138
- Reaktionsspritzgießen (RIM)	022
- Rotationsformen	014, 016, 140
- Spritzblasformverfahren	079, 142
- Spritzgießen/Rotationsformen im Vergleich	136
- Spritzgießverfahren	025, 029, 060–061, 066–067, 070–071, 075, 077–078, 097, 109, 112–113, 116, 121
- Tauchverfahren	058–059
Fotochromie	130
Froment, Caroline	018
Füllstoffe, Definition	150
Gant, Nick	040, 088
Garn, gewebt	098
gedrehte Rohre	063
Gegossene Platten	040–041, 088
Gels, plastifikationsmittelfrei	084
General Electric	029, 095
Gestanzte Bogen	044–045, 049
Gestanzte Folie	094
Gewebtes Garn	098
Gießen	026
Gießverfahren	139
Giovannoni, Stefano	071
Glasfaser	027, 072, 082, 087, 091, 109, 127
Global Resource Technology (Grot)	109
Greene, Mark	094
Grot, siehe Global Resource Technology	
Gschwendtner, Gitta	054
Handwerksverfahren	051, 055, 063, 078, 110
Harnstoff-Formaldehyd-Verbindung (UF)	124
Härte	054–055, 118–119
- Definition	150
Harze	
- Acrylharz	031
- Aminoplastharz	042
- Definition	150
- Epoxidharz	030
- fluoreszierendes Harz	132
- gegossenes Polyesterharz	118–119
- Melaminharz	042–043, 066, 120
- Nylonharz	091
- PET	079
- Phenolharz	023, 042–043, 126
- Polyethylenharz	106
- Polyurethanharz	026
- Thermoplastisches Copolymerharz	071

- XENOY®	021
HDPE, siehe Polyethylen hoher Dichte	
Heatherwick, Thomas	035
Herstellungsverfahren	136–143
Hochdrucklaminieren	023, 042–043
Hochfrequenz-Schweißen	046–047
Hytrel®	090
iMac	076–077
Imprägnierte Kunststoffe	132–133
Inflate	051
Ionomer-Harz	116
Ishiguro, Takashi	087
Ishikawa, Shun	043
Isolierung	117, 120
Ive, Jonathan	076–077
Jackson, Matthew	043
James Türstopper	086
Jones, Dominic	023
Jones, Peter	046–047
Jumo Schreibtischlampe	126
Kalandrieren	137
Kartell	024, 025, 029, 030, 066, 099
Karten, Segel-	053
Kevlar®	082
Kohama, Izumi	039
Kohlefaser	030
Korad®	027
Kove, Nicholas	121
Kraft-Masse-Verhältnis	030
Kunststoff, Definition	150
Kurumata, Shiro	031
Kwolek, Stephanie	082
La Mairie	099
Laminat	023, 043, 101
LDDE, siehe Polyethylen niedriger Dichte	
Lebensmittelechtes TPE	127
Lefteri, Alison	038
Leitfähige Gewebe	098
Leuchtmittel	094
Leuko-Farbstoffe	130
Lichtgarn	092–093
Light Diffusion	132
Light Light	087
Light Light Chair	030
Lindo, Dela	062–063
Luft- und Raumfahrt	087, 092
Markennamen	144, 146, 148
Massenkunststoffe	064–065, 150
Massenproduktionsverfahren	037
MAXiM-Bank	018
Mazzucchelli	048
MCC smart	021
MDPE, siehe Polyethylen mittlerer Dichte	
Meda, Alberto	029, 030
Melamine, technische Informationen	148–149
Melaminharz	023, 042–043
Melamin-Formaldehydharz (MF)	066, 120
MF, siehe Melamin-Formaldehydharz	
Millennium Pencil	112–113
Miller Bierflasche	079
Miss Blanche	031
Monomere	150
Naturfasern	109
Newson, Marc	016
Nylon	
- 6.6	091, 093
- PA	067, 098
- technische Informationen	144–145
O'Halloran, James	067
Oberflächendesign	075
Orgone Chair	016
Oz Kühlschrank	022
PA, siehe Polyamid	
Pack Chair	019
Papaloizou, Toni	037
Papier	023, 043
Papier-Verfahren	042–043, 045
Parkinson, Steve	015
PBT, siehe Polybutylenterphthalat	
PC, siehe Polycarbonat	
PE, siehe Polyethylen	
Perspex	040
Pesce, Gaetano	026
PET, siehe Polyethylenterephthalat	
PETF, siehe Polyethylenterephthalat-Folie	
Pezzetta, Roberto	022
PF, siehe Phenolformaldehyd	
Phenole	148–149
Phenolformaldehydverbindung (PF)	126
Phenolharz	023, 043
Piper, Jackie	073
Plastifikationsmittel	059
Platten, gegossen	040–041, 088
PMMA, siehe Polymethylmethacrylat	
Polyacetal	146–147
Polyamid (PA)	068–069, 091
Polyamidgarn	093
Polybutylenterphthalat (PBT)	020–021
Polycarbonat (PC)	020–021, 028–029, 076–077, 099
- technische Informationen	146–147
Polydimethylsiloxan	073
Polyester	
- Folien	034
- Garn	098
- Harz	118–119
- Thermoplaste	146–147
- ungesättigt	148–149
Polyethylen (PE)	
- abbaubar	107
- spritzgegossen	125
- technische Informationen	146–147
Polyethylen hoher Dichte (HDPE)	
- Fasern	052–053
- Wiederverwertet	105
Polyethylen mittlerer Dichte (MDPE)	014, 016
Polyethylen niedriger Dichte (LDPE)	015
Polyethylenglykolterephthalat	119
Polyethylenterephthalat	079
Polyethylenterephthalat-Folie (PETF)	034
Polymer auf Silikonbasis	095
Polymer, Definition	150
Polymerbeschichtung, farbwechselnde	130–131
Polymer-Technologie	024
Polymethylmethacrylat (PMMA)	031, 040–041, 054–055, 088
Polyolefine, Definition	150
Polyoxymethylen (POM)	083
Polypropylen (PP)	025, 036–037, 044–045, 049, 070
Polystyrol (PS)	018, 075
- hochschlagfestes	121
- technische Informationen	146–147
- wiederverwertetes	112–113
Polysulfon	148–149
Polyurethan (PU)	072, 085
- von Bayer	022
- Harz	026
- Schaum	019, 022, 117
- technische Informationen	148–149
Polyurethan HD, Handwerksverfahren	078
Polyurethan HD, Warnhinweise	078
Polyurethan hoher Dichte (PU)	078
Polyurethanseide (PU)	111
Polyvinylchlorid (PVC)	024, 035, 039, 046–047, 049–051, 058–059
- aufblasbar	046–047, 051, 092
- gezogen	064–065

Index

- spritzgegossen	123
- starr	062–063
- technische Informationen	148–149
- wärmebeständig	059
POM, siehe Polyoxymethylen	
PP, siehe Polypropylen	
Prepregs	082, 087
Preßformverfahren	109, 124, 138
- siehe auch Herstellungsverfahren	
Prismex	088
Prototypen-Herstellungsverfahren	069
PS, siehe Polystyrol	
PU, siehe Polyurethan	
PVC, siehe Polyvinylchlorid	
Qoffee Stool	014
Radius Zahnbürste	067
Rashid, Karim	044
Remarkable Pencils	112–113
Riedizioni	110–111
RIM, siehe Reaktionsspritzgießen	
Rizzatto, Paulo	029
Rohre, gedreht	063
Rolatube™	100
Rotationsformverfahren	140
Royal Vacuum System (RVS)	084
Santos, Marco Sousa	049
Scheuer, Winfried	086
Schlagfestigkeit	020–021, 099, 118–119, 120, 121, 126
- Definition	150
Schutzverpackungen	038
Segelkarten	053
Selektives Lasersintern (SLS)	069
Senkspuren	086
Shore-Härte	090, 118–119
Sicoblock-Herstellung	048
Silikon	095
Silikonkautschuk (SI)	073
Silly Putty	095
Sintern (SLS)	069
SIP Probierlöffel	070
SLS, siehe Selektives Lasersintern	
smart City-Coupé	020–021
Smile Plastics	105
Society of Plastic Engineers	021
Soft Lamp	059
Solar Active (Trinkflaschen)	130–131
Spehl, Rainer	014
Spezialeffekte	132
Spine Knapsack	044–045
Spritzblasformverfahren	142
Spritzgießverfahren	025, 029, 060–061, 066–067, 070–071, 075
- siehe auch Formverfahren	077, 078, 097, 109, 112–113, 116, 121, 140
Sprungwiderstand	083
Stamylan PP	146–147
Starck, Philippe	099
Stereolithografie	069
Styropor	018
Supremecorq®	127
Swingline Heftgerät	060
Tan, Adrian	043
Tauchverfahren	051, 059
TC, siehe Thermochromie	
TDPA, Totally Degradable Compostable Additive	
Technische Informationen	144–149
Technische Kunststoffe, Definition	150–151
Technische Polymere	072
Technogel®	084, 123
Thermochromie (TC)	130–131
Thermoformen, siehe Warmformen	
Thermoplaste, Definition	151
Thermoplastischer Verbundwerkstoff	100–101
Thermoplastisches Elastomer (TPE)	086, 090
- lebensmittelecht	127
- Technik	090
Thermoplastisches Polyurethan-Elastomer (TPU)	072
Tischlampe	050–051
Tischsets	045
Toilettensitze	124
Totally Degradable Compostable Additive, TDPA	106
TPE, siehe Thermoplastisches Elastomer	
TPU, siehe Thermoplastisches Polyurethan-Elastomer	
Tragbare Technologie	098
Transparenz	031, 040–041, 048, 077
Tummy und Bow Bag	044
Tupperware	125
Tyvek®	052–053
UF, siehe Harnstoff-Formaldehyd-Verbindung	
Ultra Luz	049
Ultraschallschweißen	039, 050–051
Upper	028–029
Vakuumformen	027, 141
van Steenburg, Michael	027
Verbundwerkstoffe	087, 101
- Naturfasern	109
Verformbarkeit	015, 020
Verkehrspylon	015
Vollständig abbaubares Polyethylen (PE)	107
Wärmebeständigkeit	059, 070, 073, 077
Wärmebiegen	054–055
Warmformen	137, 141, 143
Warmgeformte Bogen	036–037
Websites	152–155
Wee Willie Winkie	023
Weil, Daniel	075
Werkzeuggriffe	061
Whitbread, Vicky	073
Wiederverwertete Werkstoffe	105–113
Willamson, Colin	105
Wilson, Scott	060
Wright, James	095
XENOY®	021
Zugfestigkeit	035, 082, 092, 109
- Definition	151
Zusatzstoffe	065, 073, 106
- Definition	151